# 复合肥料生产指南

高 飞 赵青春 主编

中国农业科学技术出版社

**图书在版编目（CIP）数据**

复合肥料生产指南／高飞，赵青春主编．--北京：中国农业科学技术出版社，2022.5

ISBN 978-7-5116-5728-2

Ⅰ.①复… Ⅱ.①高…②赵… Ⅲ.①复合肥料-生产-指南
Ⅳ.①TQ444-62

中国版本图书馆 CIP 数据核字（2022）第 059043 号

**责任编辑** 张国锋
**责任校对** 李向荣
**责任印制** 姜义伟 王思文

**出 版 者** 中国农业科学技术出版社
北京市中关村南大街 12 号 邮编：100081
**电　　话** (010)82106625(编辑室) (010)82109702(发行部)
(010)82109709(读者服务部)
**传　　真** (010)82106625
**网　　址** http://www.castp.cn
**经 销 者** 各地新华书店
**印 刷 者** 北京建宏印刷有限公司
**开　　本** 148 mm×210 mm 1/32
**印　　张** 5.375
**字　　数** 160 千字
**版　　次** 2022 年 5 月第 1 版 2022 年 5 月第 1 次印刷
**定　　价** 35.00 元

# 《复合肥料生产指南》
# 编写人员名单

**主　编**　高　飞　赵青春

**副主编**　曲明山　郭　宁　张　华　王铁臣
曾剑波　何威明　陈素贤

**编　者**（按姓氏笔画排序）：

于跃跃　王伊琨　王艳平　戈雪松
石　华　石颜通　刘　彬　刘　瑜
刘自飞　闫　实　孙　昊　杜晓玉
李彬彬　吴　蕾　吴兴彪　佟海姣
张　岩　张　蕾　张梦佳　张新刚
陈　娟　陈小慧　范珊珊　季　卫
赵凯丽　聂　青　高振新　唐　朝
赖　勇　谭晓东　樊晓刚　颜　芳

# 前　言

肥料是为提高土壤肥力、作物产量及品质而施入土壤的物质。目前，肥料已经成为农业生产投入最大的一种生产资料。而单质肥料的过度使用，会给农业生产带来诸多不良的影响，复合肥料在化肥生产和销售中占据越来越重要的地位，复合肥料的合理应用，不仅能够促进农作物的高产，而且是适应农业发展现状的必然选择。复合肥料具有肥效稳长、减少施肥次数、节约施肥用工、便于机械施用等特点，还可通过调整养分配比因土因作物生产专用复合肥料，有利于平衡施肥和精准施肥，提高了施肥增产效果，在农业生产中一直占有重要地位，其生产量和使用量也一直较大。

肥料质量不仅影响农民增收，而且也直接影响农产品品质、土壤质量及生态环境安全。生产高质量复合肥料是保证农产品质量、农民增产增收、土壤生态安全的重要前提。《复合肥料生产指南》紧密结合实际生产需要，从复合肥料相关知识、复合肥料质量控制要点、行业现状和前景展望三个方面进行阐述，为复合肥料生产者提供参考，实用性和技术性较强。由于水平有限，不妥之处在所难免，敬请读者批评指正。

编者

2022 年 1 月

# 目　录

# 1　复合肥料相关知识

## 1.1　基本知识

### 1.1.1　基本概念

**肥料（fertilizer）**：用于提供、保持或改善植物营养和土壤物理、化学性能以及生物活性，能提高农产品产量，或改善农产品品质，或增强植物抗逆性的有机、无机、微生物及其混合物料。

**商品肥料（commercial fertilizer）**：以商品形式出售的肥料。

**无机肥料（inorganic fertilizer）**：由提取、物理和/或化学工业方法制成的，标明养分成无机盐形式的肥料。

**有机肥料（organic fertilizer）**：主要来源于植物和/或动物，经过发酵腐熟的含碳有机物料，其功能是改善土壤肥力、提供植物营养、提高作物品质。

**水溶肥料（water-soluble fertilizer）**：经水溶解或稀释，用于灌溉施肥、叶面施肥、无土栽培、浸种蘸根等用途的固体或液体肥料。

**微生物肥料（microbial fertilizer；biofertilizer）**：含有特定微生物活体的制品，应用于农业生产，通过其中所含微生物的生命活动，增加植物养分的供应量或促进植物生长，提高产量，改善农产品品质及农业生态环境。目前，微生物肥料包括微生物接种剂、复合微生物肥料和生物有机肥。

**复合肥料（compound fertilizer）**：氮、磷、钾三种养分中，至少有两种养分标明量的由化学方法和（或）物理混合造粒方法制成的肥料。

**掺混肥料（BB 肥）（bulk blending fertilizer）**：氮、磷、钾三种养分中，至少有两种养分标明量的由干混方法制成的颗粒状肥料。

**有机无机复混肥料（organic inorganic compound fertilizer）**：含有一定量有机肥料的复混肥料（注：有机无机复混肥料包括有机无机掺混肥料）。

**标明量（值）（declarable content）**：在肥料包装、标签或质量证明书上标明的养分（或氧化物）含量。

**总养分（total primary nutrient）**：总氮、有效五氧化二磷和氧化钾含量之和，以质量分数计。

**配合式（formula）**：按 $N-P_2O_5-K_2O$（总氮-有效五氧化二磷-氧化钾）顺序，用阿拉伯数字分别表示其在掺混肥料中所占的百分含量。

**大量元素（major element）**：对元素氮、磷、钾的通称。

**中量元素（secondary element）**：对元素钙、镁、硫等的通称。

**微量元素（trace element）**：植物生长所必需的，但相对来说是少量的元素（注：微量元素包括硼、锰、铁、锌、铜、钼等）。

**固体废物（solid waste）**：在生产、生活和其他活动中产生的丧失原有利用价值或者未丧失利用价值但被抛弃或者放弃的固态、半固态和置于容器中的气态的物品、物质以及法律、行政法规规定纳入固体废弃物管理的物品。

### 1.1.2 复合肥料类型

复合肥料按制造方法一般可分为化合复合肥料、掺混复合肥料和混合复合肥料三种类型。

#### 1.1.2.1 化合复合肥料

在生产工艺流程中发生显著的化学反应而制成的复合肥料。一般属二元型复合肥，无副成分，如磷酸铵、硝酸磷肥、硝酸钾和磷酸钾等是典型的化合复合肥。

#### 1.1.2.2 掺混复合肥料

将颗粒大小比较一致的单元肥料或化合复合肥作基料，通过机械混合制成的复合肥料，也称掺混肥料（BB肥）。在加工过程中只是简单的机械混合，而不发生化学反应，如由磷酸铵与硫酸钾及尿素固体散装掺混的三元复肥等。

#### 1.1.2.3 混合复合肥料

通过几种单元肥料，或单元肥料与化合复合肥简单的机械混合，有时经二次加工造粒而制成的复合肥料，叫混合复合肥料。通常所说的复合肥料多指这种制造方法配成的复合肥料。它们大多属于三元型肥料，常含有副成分，如尿素磷铵钾、硫磷铵钾、氯磷铵钾、硝磷铵钾等三元复肥。

### 1.1.3 复合肥料生产方法

#### 1.1.3.1 料浆法

以磷酸、氨为原料，利用中和器、管式反应器将中和料浆在氨化粒化器中进行涂布造粒，在生产过程中添加部分氮素和钾素以及其他物质，再经干燥、筛分、冷却而得到N、P、K复合肥产品，这是国内外各大化肥公司和工厂大规模生产常采用的生产方法。磷酸可由硫酸分解磷矿制取，有条件时也可直接外购商品磷酸，以减少投资和简化生产环节。该法的优点是既可生产磷酸铵也可生产N、P、K复合肥，同时也充分利用了酸、氨的中和热蒸发物料水分，降低造粒水含量和干燥负荷，减少能耗。另外，生产规模大，生产成本较低，产品质量好，产品强度较高。由于通常需配套建设磷酸装置及硫酸装置，建设不仅投资大，周期长，而且涉及磷、硫资源的供应和众多的环境保护问题（如磷石膏、氟、酸沫、酸泥等），一般较适用于在磷矿加工基地和较大规模生产、产品种类不多的情况。如以外购的商品磷酸为原料，则目前稳定的来源和运输问题及价格因素是不得不考虑的，近年来，由于我国磷酸工业技术和装备水平的提高，湿法磷酸作为商品进入市场有了良好的条件，在有资源和条件的地区建立磷酸基地，以商品磷酸满足其他地区发展高浓度磷复肥的需要，正在形成一种新的思路和途径，市场需求必将促进这一行业发展，也必将解决众多地区原料磷酸的需求问题。

#### 1.1.3.2 固体团粒法

以单体基础肥料［如尿素、硝铵、氯化铵、硫铵、磷铵（磷酸一铵、磷酸二铵、重钙、普钙）、氯化钾（硫酸钾）等］为原料，经粉碎至一定细度后，物料在转鼓造粒机（或圆盘造粒机）的滚动床内通过增湿、加热进行团聚造粒，在成粒过程中，有条件的还可以在转鼓造粒机加入少量的磷酸和氨，以改善成粒条件。造粒物料经干燥、筛分、冷却即得到 NPK 复合肥料产品，这也是国际广泛采用的方法之一，早期的美国，以及印度、日本、泰国等国家均采用此法生产。该法原料来源广泛易得，加工过程较为简单，投资少，生产成本低，上马快，生产灵活性大，产品的品位调整简单容易，通用性较强，采用的原料均为固体，对原材料的依托性不强，由于是基础肥料的二次加工过程，因此几乎不存在环境污染问题。由于我国目前的基础肥料大部分为粉粒状，因此，我国中小型规模的复合肥厂大多采用此种方法。目前，该种生产技术在国内已日趋成熟。

#### 1.1.3.3 部分料浆法

近年来，在 TVA 尿素、硝铵半料浆法及团粒法的基础上，国内又发展了利用尿液或硝铵溶液的喷浆造粒工艺，即部分料浆法，该技术利用了尿素和硝铵在高温下能形成高浓度溶液的特性，由于尿液或硝铵溶液温度高、溶解度大、液相量大的特点，以尿液或硝铵浓溶液直接喷入造粒机床层中，利用尿液或硝铵溶液提供的液相与其他固体基础肥料和返料一起进行涂布造粒，这样可以减少水或蒸汽的加入量，减少造粒物料的水含量，同样也达到减少造粒水含量、干燥负荷和减少能耗的目的。造粒物料经干燥、筛分、冷却即得到（尿基或硝基）复合肥料产品。

#### 1.1.3.4 融熔法

熔体油冷造粒制高浓度尿基复合肥生产技术是利用尿素厂的中间产品尿素溶液，配以磷铵、钾盐，开发成功高质量、低能耗、少污染的高浓度尿基复合肥生产技术—熔体造粒工艺。熔体造粒工艺在化肥生产中已得到应用，如尿素塔式喷淋造粒、硝酸磷肥塔式喷淋造粒和双轴造粒、硝铵塔式喷淋造粒、尿磷铵塔式喷淋造粒等。但该工艺用于制造高浓度尿基复合肥料在国内尚属空白，这一工艺不需要传统复合肥生产装置中投资及能耗最大的干燥系统，而且由于尿素及尿素基复合肥的特性使然，特别适合尿基高氮比的三元（N、P、K）和二元（N、K或N、P）高浓度复合肥的生产。与常用的复合肥料制造工艺相比，熔体造粒工艺具有以下优点。

（1）直接利用尿素熔体，省去了尿素熔体的喷淋造粒过程，以及固体尿素的包装、运输、破碎等，简化了生产流程。

（2）熔体造粒工艺充分利用原熔融尿素的热能，物料水分含量很低，无须干燥过程，大大节省了能耗。

（3）生产中合格产品颗粒百分含量很高，因此生产过程返料量少（几乎没有）。

（4）产品颗粒表面光滑、圆润、水分低（小于1%）、不易结块和颗粒抗压强度大（大于30N），具有较高的市场竞争力。

（5）操作环境好，无三废排放，属清洁生产工艺。

（6）可生产高氮比尿基复合肥产品。

#### 1.1.3.5 掺混法

根据养分配比要求，以各种不发生明显化学反应、颗粒度和圆度基本一致的N、P、K各固体基础肥料为原料，通过一定的掺混方法配制成养分分布均匀的掺混肥料，该法加工过程简单，装置投资费用及加工费用比较低，原料肥料仍然保持原状，比较直观，养分比例易于调整，是一种非常实用易于推广的方法。但是其缺点是肥料在运输和施用过程中易产生氮磷钾肥的分离，肥料易于吸湿结块，因此，此法在生产、储运、使用时十分强调各种基础原料的颗粒尺寸、重度和圆度基本一致，使不致发生混合物结块粉碎和低吸湿点的现象。研究表明：均匀肥中的$P_2O_5$、$K_2O$与掺混肥中的$P_2O_5$、$K_2O$被作物根部吸收的速度不同（6倍、4.6倍），在肥效上有点差异。掺混肥料行业是化肥生产、销售和农业生产达到较高的水平后才得以实现的产肥、用肥的方式。它可以降低化肥分配、销售费用，使农业施肥科学化，有益于解决过度施肥造成的资源浪费和化肥污染的问题。

#### 1.1.3.6 挤压法

挤压造粒是固体物料依靠外部压力进行团聚的干法造粒过程。它具有如下优点。

（1）生产过程一般不需要干燥和冷却过程，特别适应于热敏性物料，同时可节约投资和能耗。

（2）操作简单，生产时无三废排放。

（3）能生产出比一般复合肥浓度更低的高浓度复合肥，生产中也可根据需要添加有机肥和其他营养元素。

但挤压造粒法也有如下不足的地方。

（1）作为挤压造粒的关键设备挤压机由于设备制造和受压件的材质等问题，生产时材料消耗大，故障率高。

（2）挤压机的生产能力小，很难实现规模生产。因此，该法一般用于 3 万 t/年以下的生产规模。该法目前主要用于稀土碳铵等复肥。

### 1.1.4 复合肥料造粒工艺

#### 1.1.4.1 转鼓造粒

转鼓造粒又叫滚筒造粒，转鼓造粒机是复合肥生产设备类型中应用最广泛的一种设备。主要工作方式为团粒湿法造粒，通过一定量的水或蒸汽，使基础肥料在筒体内调湿后充分化学反应，在一定的液相条件下，借助筒体的旋转运动，使物料粒子间产生挤压力团聚成球。

#### 1.1.4.2 圆盘造粒

圆盘造粒是最基础的造粒方法，圆盘造粒的工艺原理是，所有原料混合后进入圆盘造粒，圆盘通过转动使物料团聚成球。圆盘造粒的特点是设备简单，投资少，上马快。圆盘造粒的缺点是只适合小规模生产，效率低下，日产量只有几十吨，而且配方有限制，需要有黏性物料，只适合做低浓度。

#### 1.1.4.3 喷浆造粒

喷浆多是指尿素喷浆，是把尿素熔融后喷淋到复合肥造粒装置中，减少尿素粉碎环节，如果和尿素厂接通尿液管道会更节省费用。肥料溶解快，大部分都是高氮配方氮素大于 20%。

#### 1.1.4.4 氨化造粒

氨化造粒复合肥是采用氨化、二次脱氯造粒生产工艺，原理是将氯化钾与硫酸加入反应槽加热并在一定条件下反应，逸出的 HCl 气体经水吸收后可制得一定浓度的盐酸，生成的硫酸氢钾与稀磷酸混合后形成混酸。将该混酸与合成氨按比例在管式反应器反应，生成复肥料浆直接喷入转鼓造粒机中生成 N、P、K 一定比例的硫基复合肥。该法具有造粒均匀、色泽光亮、质量稳定、养分足、易溶解和被作物吸收等特点，特别是作种肥对种子相对安全。

#### 1.1.4.5 高塔造粒

高塔是把复合肥原料高温熔浆或者变成熔浆混合物，从高空抛撒，在散落时表面张力原因变成球状，再筛分。颗粒因为经受高温过程水分少，不容易结块。物料充分混合反应，颗粒晶莹，卖相好。反应物料需要高纯，多高浓度配方，尿素比例也相对较高。

## 1.2 管理制度

肥料产品涉及两个主管部门，一是国家市场监督管理总局，二是中华人民共和国农业农村部。国家市场监督管理总局对化肥产品实施工业产品生产许可证管理，包括复肥产品和磷肥产品。复肥产品包括复合肥料、掺混肥料和有机无机复混肥料。中华人民共和国农业农村部对有机肥料、部分水溶肥料（含腐植酸水溶肥料、含氨基酸水溶肥料）、微生物肥料、有机无机复合肥料实施肥料登记管理，其中水溶肥料、微生物肥料由农业农村部负责肥料登记管理，有机肥料、有机无机复合肥料由省级农业主管部门负责肥料登记管理；对复合肥料、掺混肥料、部分水溶肥料（大量元素水溶肥料、中量元素水溶肥料、微量元素水溶肥料）实施肥料备案管理。

### 1.2.1 生产许可证管理

依据《中华人民共和国工业产品生产许可证管理条例实施办法》规定，国家市场监督管理总局负责全国工业产品生产许可证统一管理工作，对实行生产许可证制度管理的产品，统一产品目录，统一审查要求，统一证书标志，统一监督管理。全国工业产品生产许可证办公室负责全国工业产品生产许可证管理的日常工作。省级市场监督管理局负责本行政区域内工业产品生产许可证监督管理工作，承担部分列入目录产品的生产许可证审查发证工作。省级工业产品生产许可证办公室负责本行政区域内工业产品生产许可证管理的日常工作。市、县级市场监督管理局负责本行政区域内生产许可证监督检查工作。

依据《化肥产品生产许可证实施细则（一）》（复肥产品部分，以下简称《细则》）规定，复肥产品包括三个产品单元，即复合肥料、掺混肥料、有机无机复混肥料三个单元。《细则》规定，在中华人民共和国境内生产本细则规定的复肥产品的，应当依法取得生产许可证，任何企业未取得生产许可证不得生产本细则规定的复肥产品；按企业标准、地方标准等生产的复肥产品，属于本细则列出的相关国家标准和行业标准的范畴或适用范围的，企业应按相应的国家标准或行业标准取证。因此，企业须取得生产许可证方可生产复肥产品。复肥产品的生产许可证由省级生产许可证主管部门或其委托的下级生产许可证主管部门发证。

#### 1.2.1.1 单元划分（表1）

表1 复肥产品单元及说明

| 序号 | 产品单元 | 单元产品说明 | 备注 |
|---|---|---|---|
| 1 | 复合肥料 | 氮、磷、钾三种养分中，至少有两种养分标明量的由化学方法和（或）物理混合造粒方法制成的肥料。产品包含复合肥料、硝基复合肥料、缓释复合肥料、控释复合肥料、硫包衣缓释复合肥料、脲醛缓释复合肥料、稳定性复合肥料、无机包裹型复合肥料、腐植酸复合肥料、海藻酸复合肥料 | 符合相关产品标准要求 |
| 2 | 掺混肥料 | 氮、磷、钾三种养分中，至少有两种养分标明量的由干混方法制成的颗粒状肥料，产品包含掺混肥料、缓释掺混肥料、控释掺混肥料、硫包衣缓释掺混肥料、脲醛缓释掺混肥料、稳定性掺混肥料、无机包裹型掺混肥料、含部分海藻酸包膜尿素的掺混肥料 | |
| 3 | 有机无机复混肥料 | 含有一定量有机质的复混肥料（包括各种专用肥料以及冠以各种名称的以氮、磷、钾为基础养分的三元或二元固体肥料），产品包含有机无机复混肥料 | |

注：复混肥料产品和复合肥料产品合并为复合肥料产品单元。

#### 1.2.1.2 执行标准：

《复合肥料》（GB/T 15063—2020）

《掺混肥料》（GB/T 21633—2020）

《有机无机复混肥料》（GB/T 18877—2020）

依据《复合肥料》（GB/T 15063—2020）的规定，复合肥料对总养分（$N+P_2O_5+K_2O$）、水溶性磷占有效磷百分率、硝态氮、水分（$H_2O$）、粒度（1.00~4.75mm 或 3.35~5.60mm）、氯离子、单一中量元素（以单质计）、单一微量元素（以单质计）、总镉、总汞、总砷、总铬、总铊、缩二脲含量等技术指标做出了规定，符合相关规定的复合肥料产品为合格的复合肥料。

依据《掺混肥料》（GB/T 21633—2020）的规定，掺混肥料对总养分（$N+P_2O_5+K_2O$）、水溶性磷占有效磷百分率、水分（$H_2O$）、粒度（2.00~4.75mm）、氯离子、单一中量元素（以单质计）、单一微量元素（以单质计）、总镉、总汞、总砷、总铬、总铊、缩二脲含量等技术指标做出了规定，符合相关规定的掺混肥料产品为合格的掺混肥料。

依据《有机无机复混肥料》（GB/T 18877—2020）的规定，有机无机复混肥料对总养分（$N+P_2O_5+K_2O$）、水分（$H_2O$）、酸碱度（pH 值）、粒度（1.00~4.75mm 或 3.35~5.60mm）、蛔虫卵死亡率、粪大肠菌群数、氯离子含量、总镉、总汞、总砷、总铬、总铊、钠离子含量、缩二脲含量等技术指标做出了规定，符合相关规定的有机无机复混肥料产品为合格的有机无机复混肥料。

#### 1.2.1.3　相关标准（表 2—表 4）

表 2　复合肥料执行标准和相关标准

| 序号 | 产品单元 | 产品标准 | 相关标准 |
| --- | --- | --- | --- |
| 1 | 复合肥料 | GB/T 15063—2020 复合肥料<br>HG/T 4851—2016 硝基复合肥料<br>GB/T 23348—2009 缓释肥料<br>HG/T 4215—2011 控释肥料<br>GB/T 29401—2012 硫包衣尿素<br>GB/T 34763—2017 脲醛缓释肥料<br>GB/T 35113—2017 稳定性肥料 | GB/T 8571—2008 复混肥料　实验室样品制备<br>GB/T 8572—2010 复混肥料中总氮含量的测定　蒸馏后滴定法<br>GB/T 8573—2017 复混肥料中有效磷含量测定<br>GB/T 3597—2002 肥料中硝态氮含量<br>NY/T 1116—2014 肥料　硝态氮、铵态氮、酰胺态氮含量的测定<br>GB/T 8574—2010 复混肥料中钾含量的测定　四苯硼酸钾重量法 |

（续表）

| 序号 | 产品单元 | 产品标准 | 相关标准 |
|---|---|---|---|
| 1 | 复合肥料 | HG/T 4217—2011 无机包裹型复混肥料（复合肥料）<br>HG/T 5046—2016 腐植酸复合肥料<br>HG/T 5050—2016 海藻酸类肥料 | GB/T 8576—2010 复混肥料中游离水含量的测定　真空烘箱法<br>GB/T 8577—2010 复混肥料中游离水含量的测定　卡尔·费休法<br>GB/T 22924—2008 复混肥料（复合肥料）中缩二脲含量的测定<br>GB 18382—2001 肥料标识　内容和要求<br>HG/T 2843—1997 化肥产品　化学分析中常用标准滴定溶液、标准溶液、试剂溶液和指示剂溶液<br>GB/T 8170—2008 数值修约规则与极限数值的表示和判定<br>GB/T 6679—2003 固体化工产品采样通则<br>GB/T 8569—2009 固体化学肥料包装<br>GB/T 11957—2001 煤中腐植酸产率测定方法<br>GB/T 6682—2008 分析实验室用水规格和试验方法<br>GB/T 22923—2008 肥料中氮、磷、钾的自动分析仪测定法 |

**表3　掺混肥料执行标准和相关标准**

| 序号 | 产品单元 | 产品标准 | 相关标准 |
|---|---|---|---|
| 2 | 掺混肥料 | GB/T 21633—2020 掺混肥料（BB 肥）<br>GB/T 23348—2009 缓释肥料<br>HG/T 4215—2011 控释肥料<br>GB/T 29401—2012 硫包衣尿素<br>GB/T 34763—2017 脲醛缓释肥料<br>GB/T 35113—2017 稳定性肥料<br>HG/T 4217—2011 无机包裹型复混肥料（复合肥料）<br>HG/T 5050—2016 海藻酸类肥料 | GB/T 8170—2008 数值修约规则与极限数值的表示和判定<br>GB/T 6679—2003 固体化工产品采样通则<br>GB/T 8569—2009 固体化学肥料包装<br>GB/T 8571—2008 复混肥料　实验室样品制备<br>GB/T 8572—2010 复混肥料中总氮含量的测定　蒸馏后滴定法<br>GB/T 8573—2017 复混肥料中有效磷含量测定<br>GB/T 8574—2010 复混肥料中钾含量的测定　四苯硼酸钾重量法<br>GB/T 8576—2010 复混肥料中游离水含量的测定　真空烘箱法<br>GB/T 8577—2010 复混肥料中游离水含量的测定　卡尔·费休法<br>GB/T 9969—2008 工业产品使用说明书　总则 |

（续表）

| 序号 | 产品单元 | 产品标准 | 相关标准 |
|---|---|---|---|
| 2 | 掺混肥料 | | GB/T 14540—2003 复混肥料中铜、铁、锰、锌、硼、钼含量的测定<br>GB/T 34764—2017 肥料中铜、铁、锰、锌、硼、钼含量的测定等离子体发射光谱法<br>GB 15063—2020 复合肥料<br>GB 18382—2001 肥料标识内容和要求<br>GB/T 19203—2003 复混肥料中钙、镁、硫含量的测定<br>HG/T 2843—1997 化肥产品　化学分析中常用标准滴定溶液、标准溶液、试剂溶液和指示剂溶液<br>GB/T 6682—2008 分析实验室用水规格和试验方法 |

**表 4　有机无机复混肥料执行标准和相关标准**

| 序号 | 产品单元 | 产品标准 | 相关标准 |
|---|---|---|---|
| 3 | 有机无机复混肥料 | GB/T　18877—2020 有机无机复混肥料 | GB/T 17767.1—2008 有机-无机复混肥料的测定方法 第 1 部分：总氮含量<br>GB/T 8573—2017 复混肥料中有效磷含量测定<br>GB/T 17767.3—2010 有机无机复混肥料的测定方法 第 3 部分：总钾含量<br>GB/T 8576—2010 复混肥料中游离水含量的测定　真空烘箱法<br>GB/T 8577—2010 复混肥料中游离水含量的测定　卡尔·费休法<br>GB 18382—2001 肥料标识　内容和要求<br>HG/T 2843—1997 化肥产品　化学分析中常用标准滴定溶液、标准溶液、试剂溶液和指示剂溶液<br>GB/T 24891—2010 复混肥料粒度的测定<br>GB/T 24890—2010 复混肥料中氯离子含量的测定<br>GB/T 8170—2008 数值修约规则与极限数值的表示和判定<br>GB/T 6679—2003 固体化工产品采样通则<br>GB/T 8569—2009 固体化学肥料包装<br>GB/T 19524.1—2004 肥料中粪大肠菌群的测定<br>GB/T 19524.2—2004 肥料中蛔虫卵死亡率的测定<br>GB/T 23349—2009 肥料中砷、镉、铅、铬、汞生态指标 |

#### 1.2.1.4 申请条件

（1）有与拟从事的生产活动相适应的营业执照。

（2）有与所生产产品相适应的专业技术人员。

（3）有与所生产产品相适应的生产条件和检验检疫手段。

（4）有与所生产产品相适应的技术文件和工艺文件。

（5）有健全有效的质量管理制度和责任制度。

（6）产品符合有关国家标准、行业标准以及保障人体健康和人身、财产安全的要求。

（7）符合国家产业政策的规定，不存在国家明令淘汰和禁止投资建设的落后工艺、高耗能、污染环境、浪费资源的情况。法律、行政法规有其他规定的，还应当符合其规定。

#### 1.2.1.5 办理流程（图1）

（1）申请。申请企业登录网上申请系统在线提出申请。

（2）受理。符合条件的，正式受理，出具《受理单》。材料不全的，出具《补正材料告知书》。不符合受理条件的，出具《不予受理决定书》。

（3）审批。经形式审查，国家市场监督管理总局对符合法定形式的许可申请，在规定时限内，作出准予许可决定。形式审查不合格的，作出不予许可决定。

（4）制证。许可证证书分为正本、副本、生产许可证电子证书与纸质证书具有同等法律效力。

（5）后置现场审查。由省级质监部门或其委托的下级质监部门（市场监督管理部门）组织实施并对后置现场审查工作负责。

#### 1.2.1.6 后置现场审查（表5）

（1）申请发证、证书延续、许可范围变更（许可范围变更的情形含：生产地址迁移，增加生产厂点、生产线、产品单元等）需要进行后置现场审查的，企业应在后置现场审查前做好准备。

（2）后置现场审查时，企业最近一次获证的产品应正常生产，相关人员应在岗到位。

（3）审查组现场对企业申请材料及证照等进行核实。

（4）审查组现场按照《复肥产品生产许可证获证企业后置现场

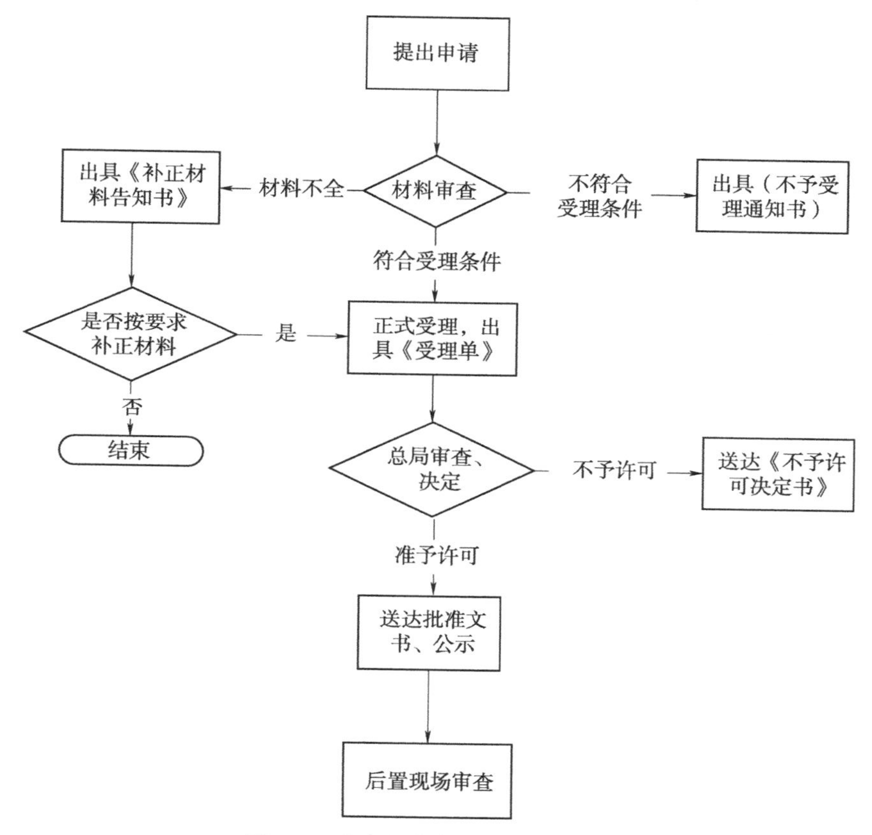


**图1　工业产品生产许可证核发流程**

审查办法》进行后置现场审查，并做好记录，完成《生产许可证获证企业后置现场审查报告》。

（5）审查组对后置现场审查办法的每一个条款进行审查，并根据其满足生产合格产品的能力的程度分别作出符合、不符合的判定；对判为不符合项的须填写详细的不符合事实；后置现场审查按产品单元审查，未发现不符合，审查结论为合格，否则为不合格。审查结论不合格则后置现场审查不合格。

表 5　获证企业后置现场审查要点

| 审查项目 | | | 审查内容和要点 |
|---|---|---|---|
| 1<br>证件材料 | 1. 1 | 营业执照、生产许可证等 | 1）营业执照与生产许可证信息是否一致 |
| | | | 2）实际生产地址与生产许可证是否一致 |
| | | | 3）经营范围是否涵盖申请许可证产品 |
| | 1. 2 | 检验报告 | 4）企业申请时提交的合格的型式试验报告和合格的产品检验报告的出具机构是否获得检验检测机构资质认定，认定的检验范围是否包含本实施细则要求的产品标准和检验标准，且在有效期内；检验报告的检验项目是否覆盖本实施细则规定的产品检验项目 |
| 2<br>人员能力 | 2. 1 | 检验人员 | 5）现场观察检验人员进行进货检验、过程检验、出厂检验，检验人员是否能够规范操作，其操作是否符合检验规程，并正确作出判断 |
| | 2. 2 | 操作工人 | 6）现场核查每一关键工序、质量控制点、特殊过程实际生产操作情况，工人是否能够规范操作，其操作是否符合技术工艺文件的规定 |
| 3<br>生产和检验设施设备 | 3. 1 | 基础设施 | 7）是否具备满足其生产、检验所需的工作场所和设施，并运行正常 |
| | 3. 2 | 生产设备 | 8）企业是否具有《细则》表 3-1 规定、与其生产产品、生产工艺及生产方式相适应的生产设备，并运行正常 |
| | 3. 3 | 检验设备 | 9）企业是否具有《细则》表 3-2 规定、与其生产产品、生产工艺及生产方式相适应的检验仪器设备，并运行正常 |
| 4<br>过程控制 | 4. 1 | 生产记录 | 10）是否对配料计量、干燥、造粒等关键工序生产过程进行如实的记录 |
| | 4. 2 | 进货检验 | 11）采购原材料是否按规定进行检验，检验记录应完整、规范并符合相关标准的规定。是否制定了原材料评价规定。不得使用未经证实安全性的工业废弃物、城市垃圾、污泥、色素、包膜材料、防结块剂等作为复肥生产原料 |
| | 4. 3 | 出厂检验 | 12）成品出厂前是否按相关标准进行出厂检验，检验记录应完整、规范并符合相关标准的规定 |
| | 4. 4 | 不合格品控制 | 13）是否对不合格品的控制和处置作出明确规定并执行到位 |

### 1. 2. 1. 7　基本条件

生产复肥产品的企业应具备规定的基本生产条件，内容包括：生产设备和检验设备等。大多数复肥生产企业以生产混合复合肥料

（复合肥料）和掺混复合肥料［掺混肥料（BB肥）］为主，生产许可证管理也将这两种复合肥料分成复合肥料和掺混肥料两个单元。

（1）生产设备（表6—表8）。

**表6 企业生产复合肥料产品应具备的生产设备**

| 产品单元 | 设备名称 | 设备要求 |
|---|---|---|
| 复合肥料 | 1）配料计量设备 | 1）造粒设备：采用圆盘造粒工艺的，圆盘直径≥3m或者配备两个直径≥2.8m的圆盘；采用转鼓造粒工艺的，转鼓造粒机直径≥1.5m。采用挤压造粒工艺的，挤压造粒机产品说明书中规定的产能≥5万t/年或同一条生产线不同挤压机混合后总和产能≥5万t/年；采用高塔造粒工艺的，高塔直径≥9m<br>2）干燥设备：干燥机至少1台，直径≥1.5m，长度≥15m<br>3）冷却设备（包装前物料温度≤50℃）：冷却机至少1台，直径≥1.2m，长度≥12m |
| | 2）混合设备或化学合成设备 | |
| | 3）造粒设备 | |
| | 4）干燥设备 | |
| | 5）冷却设备 | |
| | 6）干燥机进出口风温度测定仪 | |
| | 7）成品筛分设备 | |
| | 8）成品包装设备 | |
| | 9）成品包装计量设备 | |
| | 10）从配料计量到产品包装形成连续的机械化生产线 | |
| | 11）气体除尘净化回收设备 | |
| | 12）排风设备 | |

**表7 企业生产掺混肥料产品应具备的生产设备**

| 产品单元 | 设备名称 | 设备要求 |
|---|---|---|
| 掺混肥料 | 1）筛分设备 | 自动配料计量设备：必须是自动配料装置（有自动控制系统），配料口≥3个 |
| | 2）自动配料计量设备 | |
| | 3）混合设备 | |
| | 4）成品包装设备 | |
| | 5）成品包装计量设备 | |
| | 6）从自动配料计量到产品包装形成连续的机械化生产线 | |

**表 8　企业生产有机无机复混肥料产品应具备的生产设备**

<table>
<tr><th>产品单元</th><th>设备名称</th><th>设备要求</th></tr>
<tr><td rowspan="14">有机无机复混肥料</td><td>1）原料粉碎设备</td><td rowspan="14">1）造粒设备：采用圆盘造粒工艺的，圆盘直径≥2.8m；采用转鼓造粒工艺的，转鼓造粒机直径≥1.2m；采用挤压造粒工艺的，挤压造粒机产品说明书中规定的产能≥2 万 t/年或同一条生产线不同挤压机混合后总和产能≥2 万 t/年<br>2）干燥设备：干燥机至少 1 台，直径≥1.2 米，长度≥12m<br>3）冷却设备（包装前物料温度≤50℃）：冷却机至少 1 台，直径≥1.0m，长度≥10m<br>4）无害化处理设备设施为自产有机质原料需要进行无害化处理时适用</td></tr>
<tr><td>2）配料计量设备</td></tr>
<tr><td>3）混合设备</td></tr>
<tr><td>4）造粒设备</td></tr>
<tr><td>5）干燥设备</td></tr>
<tr><td>6）冷却设备</td></tr>
<tr><td>7）干燥机进出口风温度测定仪</td></tr>
<tr><td>8）成品筛分设备</td></tr>
<tr><td>9）成品包装设备</td></tr>
<tr><td>10）成品包装计量设备</td></tr>
<tr><td>11）从配料计量到产品包装形成连续的机械化生产线</td></tr>
<tr><td>12）气体除尘净化回收设备</td></tr>
<tr><td>13）排风设备</td></tr>
<tr><td>14）无害化处理设备设施</td></tr>
</table>

注：1. 以上生产设备表格为企业应具备的基本生产设备，可与上述设备名称不同，但应满足上述设备的功能性能精度要求；
2. 以上为典型工艺应必备的生产设备，对采用非典型生产工艺的企业，审查时可按企业工艺设计文件规定的生产设备进行；
3. 无干燥工序的复合肥料和有机无机复混肥料生产工艺，生产设备中干燥设备、冷却设备和干燥机进出口风温度测定仪不作要求；
4. 同一条生产线、同一套检测仪器仅限于一家企业的生产许可证申请。同一企业的复合肥料、掺混肥料申请单元可以共用混合设备、成品包装设备等；
5. 企业生产具有缓控释功能的复合肥料还应具备缓释剂配制和喷涂设备。

（2）检验设备（表 9—表 11）。

**表 9　企业生产复合肥料产品应具备的检验设备**

| 产品单元 | 检验项目 | 检验设备 | 精度或测量范围 |
|---|---|---|---|
| 复合肥料 | 总氮 | 消化仪器 | 1 000mL 圆底蒸馏烧瓶（与蒸馏仪器配套）和梨形玻璃漏斗 |

（续表）

| 产品单元 | 检验项目 | 检验设备 | 精度或测量范围 |
| --- | --- | --- | --- |
| 复合肥料 | 总氮 | 蒸馏仪器 | / |
| | | 防爆沸装置 | / |
| | | 消化加热装置 | / |
| | | 分析天平 | 精度 0. 1mg |
| | | 蒸馏加热装置 | / |
| | | 滴定管 | 50mL |
| | 有效磷 | 电热恒温干燥箱 | 180℃±2℃ |
| | | 玻璃坩埚式滤器 | 4 号，容积 30mL |
| | | 恒温水浴振荡器 | 60℃±2℃ |
| | | 分析天平 | 精度 0. 1mg |
| | 氧化钾 | 玻璃坩埚式滤器 | 4 号，容积 30mL |
| | | 电热恒温干燥箱 | 120℃±5℃ |
| | | 分析天平 | 精度 0. 1mg |
| | 水分 | 电热恒温真空干燥箱（真空烘箱） | 50℃±2℃，真空度可控制在（$6.4\times10^4$）～（$7.1\times10^4$）Pa |
| | | 带磨口塞称量瓶 | 直径 50mm，高度 30mm |
| | | 分析天平 | 精度 0. 1mg |
| | 粒度 | 试验筛 | 孔径为 1. 00mm、4. 75mm 或 3. 35mm、5. 60mm |
| | | 天平 | 感量为 0. 5g |
| | 氯离子 | 滴定管 | 50mL |
| | | 分析天平 | 精度 0. 1mg |
| | 缩二脲 | 电热恒温干燥箱 | 105℃±2℃ |
| | | 超声波清洗器 | / |
| | | 恒温水浴 | 30℃±5℃ |
| | | 分光光度计 | / |

**表 10　企业生产掺混肥料产品应具备的检验设备**

| 产品单元 | 检验项目 | 检验设备 | 精度或测量范围 |
| --- | --- | --- | --- |
| 掺混肥料 | 总氮 | 消化仪器 | 1 000mL 圆底蒸馏烧瓶（与蒸馏仪器配套）和梨形玻璃漏斗 |
| | | 蒸馏仪器 | / |
| | | 防爆沸装置 | / |
| | | 消化加热装置 | / |
| | | 分析天平 | 精度 0. 1mg |
| | | 蒸馏加热装置 | / |
| | | 滴定管 | 50mL |
| | 有效磷 | 电热恒温干燥箱 | 180℃±2℃ |
| | | 玻璃坩埚式滤器 | 4 号，容积 30mL |
| | | 恒温水浴振荡器 | 60℃±2℃ |
| | | 分析天平 | 精度 0. 1mg |
| | 氧化钾 | 玻璃坩埚式滤器 | 4 号，容积 30mL |
| | | 电热恒温干燥箱 | 120℃±5℃ |
| | | 分析天平 | 精度 0. 1mg |
| | 水分 | 电热恒温真空干燥箱（真空烘箱） | 50℃±2℃，真空度可控制在（$6.4\times10^4$）～（$7.1\times10^4$）Pa |
| | | 带磨口塞称量瓶 | 直径 50mm，高度 30mm |
| | | 分析天平 | 精度 0. 1mg |
| | 粒度 | 试验筛 | 孔径为 1. 00mm、4. 75mm 或 3. 35mm、5. 60mm |
| | | 天平 | 感量为 0. 5g |
| | 氯离子 | 滴定管 | 50mL |
| | | 分析天平 | 精度 0. 1mg |

**表 11　企业生产有机无机复混肥料产品应具备的检验设备**

| 产品单元 | 检验项目 | 检验设备 | 精度或测量范围 |
| --- | --- | --- | --- |
| 有机无机复混肥料 | 总氮 | 消化仪器 | 1 000mL 圆底蒸馏烧瓶（与蒸馏仪器配套）和梨形玻璃漏斗 |
| | | 蒸馏仪器 | / |
| | | 防爆沸装置 | / |

（续表）

| 产品单元 | 检验项目 | 检验设备 | 精度或测量范围 |
| --- | --- | --- | --- |
| 有机无机复混肥料 | 总氮 | 消化加热装置 | / |
| | | 分析天平 | 精度 0.1mg |
| | | 蒸馏加热装置 | / |
| | | 滴定管 | 50mL |
| | 有效磷 | 电热恒温干燥箱 | 180℃±2℃ |
| | | 玻璃坩埚式滤器 | 4 号，容积 30mL |
| | | 恒温水浴振荡器 | 60℃±2℃ |
| | | 分析天平 | 精度 0.1mg |
| | 氧化钾 | 玻璃坩埚式滤器 | 4 号，容积 30mL |
| | | 分析天平 | 精度 0.1mg |
| | | 电热恒温干燥箱 | 120℃±5℃ |
| | 水分 | 电热恒温真空干燥箱（真空烘箱） | 50℃±2℃，真空度可控制在 $(6.4\times10^4)$ ~ $(7.1\times10^4)$ Pa |
| | | 带磨口塞称量瓶 | 直径 50mm，高度 30mm |
| | | 分析天平 | 精度 0.1mg |
| | 粒度 | 试验筛 | 孔径为 1.00mm、4.75mm 或 3.35mm、5.60mm |
| | | 天平 | 感量为 0.5g |
| | 有机质 | 水浴锅 | / |
| | | 滴定管 | 50mL |
| | | 分析天平 | 精度 0.1mg |
| | 酸碱度 | pH 酸度计 | 灵敏度为 0.01pH 单位 |
| | | 分析天平 | 精度 0.01g |
| | 氯离子 | 滴定管 | 50mL |
| | | 分析天平 | 精度 0.1mg |

注：1. 以上检测设备表格为企业必备的检验设备，可与上述设备名称不同，但应满足上述设备的功能性能精度要求；

2. 水分测定也可使用卡尔·费休法，所需检测仪器可由卡尔·费休法规定的仪器替代真空烘箱法所需仪器设备；

3. 企业如果使用氮、磷、钾自动分析仪法对肥料中氮、磷、钾含量进行测定，氮、磷、钾检测仪器可由氮、磷、钾自动分析仪替换；

4. 当企业生产具有缓控释功能复肥、硝基复肥、腐植酸复肥、海藻酸复肥时还应按照相应标准要求具备相应检验仪器设备；

5. 当复合肥料生产企业生产时不以尿素为原材料，检验设备可不需要分光光度计和超声波清洗器；
6. 型式检验项目可进行委托检验，如企业和具备相关资质的检验机构签订了委托检验协议，型式检验项目所需仪器可不做要求。

## 1.2.2 肥料备案和肥料登记管理

### 1.2.2.1 肥料备案管理

依据农业农村部办公厅文件《农业农村部办公厅关于对部分肥料产品实施备案管理的通知》（农办农〔2020〕15号）规定，复合肥料和掺混肥料实行备案管理，肥料生产企业应当在相应产品投入生产前，将产品信息通过农业农村部肥料备案信息系统、省级农业农村部门肥料备案信息系统进行备案；生产企业进行备案时，应当在线提交产品技术指标等资料；农业农村部、省级农业农村部门按权限负责肥料产品备案管理，定期抽查企业备案情况，督促生产企业按照本通知要求实施备案，按照“双随机、一公开”要求对生产企业及其产品进行监督检查。复合肥料和掺混肥料备案管理由省级农业行政主管部门负责。

### 1.2.2.2 肥料登记管理

依据《肥料登记管理办法》规定，有机无机复混肥料实行肥料产品登记管理制度，未经登记的肥料产品不得进口、生产、销售和使用。农业农村部负责全国肥料登记和监督管理工作，省、自治区、直辖市人民政府农业行政主管部门协助农业农村部做好本行政区域内的肥料登记工作，县级以上地方人民政府农业行政主管部门负责本行政区域内的肥料监督管理工作。有机无机复混肥料的登记管理工作由省级农业行政主管部门负责。

# 2 复合肥料质量控制

## 2.1 原料控制

复合肥料的主要养分为 N、$P_2O_5$、$K_2O$ 三种，相应的原料也分为氮源、磷源、钾源。

### 2.1.1 原料的选用

在复合肥料生产中，应该按照需求来确定所用原料种类。不同作物种类、不同生长时期、不同土壤状况，需要的养分不同。合理确定肥料养分配比、养分总含量，综合考虑生产成本、作物生产习性、作物生长时期等因素，选择合适的原料进行生产，可以达到有利于作物生长、改善土壤养分状况、降低生产成本的效果。

#### 2.1.1.1 氮源

用于复合肥料生产的氮源主要包括尿素、硝酸铵、硫酸铵、氯化铵等原料。

（1）尿素。尿素化学式为 $CH_4N_2O$，含氮量≥45.0%，是由碳、氮、氧、氢组成的有机化合物，白色晶体，易溶于水。尿素是一种高浓度氮肥，属中性速效肥料，易保存，使用方便，是使用量较大的一种化学氮肥。适用于各种土壤和植物，对土壤的破坏作用小，在土壤中不残留任何有害物质，长期施用没有不良影响。我国规定肥料用尿素缩二脲含量应小于 0.5%。缩二脲含量超过 1%时，不能做种肥、苗肥和叶面肥，其他施用期的尿素含量也不宜过多或过于集中。在几种氮源中，尿素含氮量最高。尿素中不含氯离子，可以用于忌氯作物。含有缩二脲，缩二脲对发芽的种子有害，对柑橘等水果的生长不利，对一般农作物会烧苗。用尿素作为氮素原料成本相对较高，一般用于经济作物肥料的生产。

（2）氯化铵。化学式为 $NH_4Cl$，含氮量≥23.5%，呈白色或略带黄色的方形或八面体小结晶，不易吸湿，易储存，属生理酸性肥料，因含氯较多而不宜在酸性土和盐碱土上施用，不宜用作种肥、秧田肥或叶面肥。单一氯化铵肥料具有较强的选择性，它具有比硫酸铵和碳酸铵更高的浓度，且氮的硝化作用比尿素或硫酸铵要缓慢，故氮的流失少。现在已有大量试验数据证明，就绝大多数农作物而言，等氮量的氯化铵肥效与尿素相比，一般来说没有明显差距，氯化铵作为复合肥料原料，含有氯离子，虽然氯是作物必需的7种微量元素之一，但氯含量偏高也会造成植物烧苗，尤其是对氯敏感的忌氯作物，如烟草、茶叶、柑橘、葡萄、甜菜、蒜、薯、瓜果及蔬菜等慎用。而玉米、小麦、棉花、水稻、高粱、油料作物等大田作物对氯不敏感，可以用氯化铵作为氮源。

（3）硫酸铵。化学式为 $(NH_4)_2SO_4$，含氮量为20.8%，无色结晶或白色颗粒，无气味，有吸湿性，吸湿后固结成块，适用于各种土壤和作物，可作基肥、追肥和种肥。硫酸铵含氮量较低，复合肥料生产中，在保证有效 $P_2O_5$ 达到一定含量的前提下，以硫酸铵为氮肥原料生产的复合肥料含氮量不会太高，通常在氮要求较低、总养分含量要求不高时应用。硫酸铵不含氯离子，可以用于烟草、茶叶、柑橘、葡萄、甜菜、蒜、薯、瓜果及蔬菜等忌氯作物。但复合肥料生产中用硫酸铵做原料成本较高，一般用于经济作物肥料的生产。

（4）硝酸铵。化学式为 $NH_4NO_3$，含氮量为34.4%，呈无色无臭的透明晶体或白色晶体，极易溶于水，易吸湿结块，溶解时吸收大量热。硝酸铵是速效性氮肥，含铵态氮、硝态氮各50%，施入土壤后，硝态氮不经转化直接被作物吸收，氨态氮可平稳供氮，肥效快且长。经济作物专用肥中含一定比例的硝态氮，对于提高经济作物产量和品质有重要作用。且硝态氮作物吸收快，促进作物枝叶生长，也可用于烟草专用肥的生产。纯硝酸铵在常温下是稳定的，对打击、碰撞或摩擦均不敏感。但在高温、高压和有可被氧化的物质（还原剂）存在及电火花下会发生爆炸，在生产、贮运和使用中必须严格遵守安全规定。

**2.1.1.2 磷源**

用于复合肥料生产的磷源主要包括磷酸一铵、过磷酸钙、磷酸二铵、钙镁磷肥等原料。

（1）磷酸一铵。化学式为 $NH_4H_2PO_4$，是一种白色的晶体，在土壤中呈酸性。磷酸一铵是一种高浓度氮-磷二元复合肥料，养分总含量高，优等品、一等品、合格品规格分别为 11-47-0、11-44-0、10-42-0。磷酸一铵具有不易吸湿、不易结块、热稳定性好等良好的物理性能，与绝大多数肥料有良好的相配性，所以它比磷酸二铵更适合加工制造成各种规格的 N-P 或 N-P-K 粒状混合肥料和散装混合肥料。磷酸一铵 $P_2O_5$ 含量较高，用于 $P_2O_5$ 含量较高的复合肥料的生产。且磷酸一铵为粉剂，用于复合肥料生产时可以省去粉碎环节，方便直接造粒。与种子过于接近可能产生不良影响。

（2）过磷酸钙。主要有用组分是磷酸二氢钙的水合物 $Ca(H_2PO_4)_2 \cdot H_2O$ 和少量游离的磷酸，还含有无水硫酸钙组分（对缺硫土壤有用），含 $P_2O_5 \geq 16.0\%$，灰色或灰白色粉料（或颗粒），属于水溶性速效磷肥。过磷酸钙 $P_2O_5$ 含量相对较低，通常在 $P_2O_5$ 要求低、总养分含量要求低时应用（通常总养分含量在45%以下时）。因过磷酸钙原料中含有中量元素硫和钙，硫和钙元素也是作物生长所需，当作物有硫和钙元素需求时，选用过磷酸钙作为磷源，在补充氮磷钾等大量元素养分的同时可以补充中量元素硫和钙，肥料施用效果更好。

（3）磷酸二铵。分子式 $(NH_4)_2HPO_4$，易溶于水。磷酸二铵也是一种高浓度氮-磷二元复合肥料，养分总含量高，传统法优等品规格为 18-46-0，料浆法优等品规格为 16-44-0。磷酸二铵为颗粒状，用于复合肥料生产时，需要粉碎后与其他原料混合再造粒，因此较少用于复合肥料生产，多用于掺混肥料生产，广泛适用于蔬菜、水果、水稻和小麦。

（4）钙镁磷肥。钙镁磷肥是一种含有磷酸根的硅铝酸盐玻璃体，灰绿色或灰棕色粉末，是一种多元素肥料。钙镁磷肥不溶于水，无毒，无腐蚀性，不吸湿，不结块，为化学碱性肥料。它广泛地适用于各种作物和缺磷的酸性土壤，特别适用于南方钙镁淋溶较严重的酸性红壤土。在钙镁磷肥中，一般含有 $P_2O_5$（12%～20%）、$K_2O$（0.5%～1.0%）、MgO（8%～18%）、$SiO_2$（0%～35%），CaO（25%～40%），以及少量的 Mn、B、Cu、Fe、Mo、Zn 等作物所需的微量元素。在以钙镁磷肥为主要原料生产的复合肥料中，生成物 $Ca(H_2PO_4)_2 \cdot H_2O$、$Mg(H_2PO_4)_2 \cdot H_2O$ 都是水溶性的 $P_2O_5$，因而使产品中的水溶性磷增加到了 1%～2%。水溶性磷的存在，改善了对作物苗期供给磷素的需要，钙镁磷肥中的枸溶性磷虽不溶于水，但能被土壤中的酸性介质和植物分泌的根酸溶解，可供作物正常生长发育的磷素需要，而且不易被土壤中的铁、铝化合而固定。因此在酸性土壤中，枸溶性磷比水溶性磷的肥效更高、更持久。以钙镁磷肥为主要原料生产的复合肥料营养成分比较全面，它除了有作物所需的大量元素 N、$P_2O_5$、$K_2O$ 以外，同时还含有作物生长所需的中量元素的成分 MgO、CaO、$SiO_2$，以及微量元素 Fe、Mn、Zn、Cu、Mo、B 等有益成分。

**2.1.1.3　钾源**

用于复合肥料生产的钾源主要包括硫酸钾、氯化钾等原料。

（1）硫酸钾。化学式为 $K_2SO_4$，含 $K_2O \geq 45.0\%$，硫酸钾纯品是无色结晶体，农用硫酸钾外观多呈淡黄色硫酸钾，吸湿性小，不易结块，便于储存和运输，是很好的水溶性钾肥。作为复合肥料的原料，使用加工均比较方便。硫酸钾的盐指数比氯化钾低得多。而硫酸钾没有氯化钾的弊端，可以成功地用于干旱、盐碱及缺硫土壤。硫酸钾除提供作物钾养分外，还含有对植物生长起促进作用的硫酸根离子，它是植物所需硫养分的重要来源。更由于其不含氯，是忌氯作物烟草、茶叶、柑橘、葡萄、甜菜、蒜、薯、瓜果及蔬菜的优良钾肥。但原料价格较贵，生产成本较高，一般用于经济作物肥料的生产。

（2）氯化钾。氯化钾含化学式为 KCl，含 $K_2O \geq 55.0\%$。外观如同食盐，无臭、味咸，有吸湿性，易结块。氯化钾肥效快，直接施用于农田，能使土壤下层水分上升，有抗旱的作用。不适宜冻土带作物，经常使用会导致土壤中氯化物大量积聚，破坏土壤结构，加速土壤酸性化和盐渍化，土壤缺水时又易造成过肥现象。氯化钾作为复合肥原料时因其含有氯离子，不适合用于忌氯作物，如烟草、茶叶、柑橘、葡萄、甜菜、蒜、薯、瓜果及蔬菜，而玉米、小麦、棉花、水稻、高粱、油料作物等大田作物对氯不敏感，且氯化钾用于复合肥料生产成本较低，可以用氯化钾作为钾源。

需要注意的是，复合肥料生产中，氮源氯化铵和钾源氯化钾两种原料中都含有氯离子，而高氯复合肥料应用有限，为了使肥料产品氯离子含量不至于过高，一般不同时使用氯化铵和氯化钾作为原料，用氯化铵作为氮源时一般不同时用氯化钾作为钾源，用氯化钾作为钾源时一般不同时用氯化铵作为氮源。

从生产成本的角度来看，以提供单独元素单位养分来计，N 的单位成本顺序是硝酸铵>硫酸铵>尿素>氯化铵；$P_2O_5$的单位成本顺序是磷酸二铵>过磷酸钙（钙镁磷肥）>磷酸一铵；$K_2O$ 的单位成本顺序是硫酸钾>氯化钾。但磷酸一铵和磷酸二铵在提供 $P_2O_5$的同时提供不同量的 N，成本计算时需要综合考虑。而且原料价格波动较大，实际生产时需根据原料的实际价格进行具体成本核算。

综上所述，复合肥料生产中原料的选择非常重要，要根据土壤状况（养分含量、酸度情况、盐碱状况等）、作物种类（养分需求、是否忌氯、缩二脲影响程度等）、养分配比（N、$P_2O_5$、$K_2O$ 每种养分的含量高低），综合考虑作物生产习性、作物生长时期、生产成本等因素选择合适的原料，既可以改良土壤、提高施用效果，又可以降低生产成本。

### 2.1.2 原料的质量控制

#### 2.1.2.1 原料的采购控制

在复合肥料生产中，正确选用原料并严格控制原料质量是生产高质量复合肥料的重要前提。原料质量的好坏，很大程度上决定了产品的质量。根据需要合理确定肥料养分配比，正确选用原料并严格控制质量，才能生产出优质高效的复合肥料。原料的采购控制主要注意以下几个环节。

（1）选择供应商。

选择生产能力强、资质齐全、信誉优良的厂家或经销单位作为供应商，是保证原料质量的前提条件。原料采购前，应责成专人或部门对原料供应方进行综合评价，包括生产能力、交货期、信誉程度、供货业绩及质量、环境管理体系状况（质量体系认证证书、企业简介材料等）；此类产品的历史使用情况或其他方面（价格合理、顾客满意度等）；资质等级、营业范围（生产许可证、资质证书、营业执照）；相关的服务和技术支持能力（零配件供应、维修服务、售后服务）等方面，选择具有资质、质量稳定、服务良好的原料供应商，作为合格供应商，建立合格供应商档案，并定期进行评价，根据评价结果进行新增或淘汰供应商。

（2）原料采购。

根据生产需求合理确定所需原料，进行原料采购。不同土壤状况、不同作物种类、不同生长时期，需要的养分不同。根据土壤养分含量、作物种类、所需养分类型、不同生长时期等确定肥料配比、养分含量，综合考虑生产成本、作物生产习性（氯含量、缩二脲含量是否会造成伤害）等因素确定原料种类和用量，选择具有相应优势的合格供应商进行原料采购。

（3）原料验收。

复合肥料生产中，原料从采购到确认为合格原料入库，主要流程如下：

原料入厂→库房保管验收初判→化验室检验判定→入库标识

通过验收确保原材料的质量。原料到货后，检查产品标识（原料名称、执行标准、商标、养分含量、品类等级、生产厂家等内容）与采购信息是否相符；检验报告、质量证明材料是否齐全；肥料外观（颜色、颗粒或结晶均一，无明显结块现象，无可见其他杂质）是否符合要求；肥料数量是否正确等，验收无误后入库。

#### 2.1.2.2 原料的检验控制

原辅材料到货后，保管员认真核对原辅材料的供货信息和质量标准进行验收，如需进行检测时向化验室进行报检。化验室接到报检通知，严格按照标准进行取样，注意取样数量和代表性，按标准进行样品的制备和留样，根据不同原材料执行标准规定的检验方法进行检验，检验工作要认真规范，根据检验结果对原材料质量进行判定，如果合格判定为合格原材料，如果不合格进行复检，若供应商对检验结果存在异议，需要双方协商后送有资质的第三方进行检验。

#### 2.1.2.3 原料的处置

判定为合格的原材料，检测结果提交生产技术部，保管员将该批次原料待检标识更换为合格品标识。判定为不合格的，由另一名化验员进行复检（必要时重新取样），如果仍不合格，将检测结果提交生产技术部和供销部进行评审，进行退换货或者让步接收处理。如果供方对化验室检验结果存在异议，需要第三方验证，则由供销部组织相关人员取样，送有资质的第三方检验机构进行检验。对于没有检测能力的原料，需要向供货方索取该批货物的合格检验报告，必要时送有资质的第三方检验机构进行检验。

综上所述，原料入厂后，库房保管员按照规定对原料进行验收初判，如需检验向化验室进行报检，化验员按照原料相应标准进行抽样、检验、判定，合格后作为合格原料备用，不合格按规定进行处置。严格对采购的原料进行质量控制，保证复肥生产中原料的质量，才能为生产合格优质的复肥产品打下基础。

## 2.2 生产控制

对生产过程的控制也会影响复合肥料的产品质量。严格按照操作规程进行正确操作，保证计量投料准确、混合均匀、筛分造粒符合要求、烘干充分、包装准确都是保证复合肥料质量的重要因素。

### 2.2.1 工艺流程（图 1、图 2）

复合肥料典型生产工艺流程是按照肥料配比，计算氮、磷、钾等原辅材料投入量，将氮、磷、钾等原辅材料计量混合，然后进行粉碎、造粒、烘干、冷却、筛分、包装的过程。成品入库检验合格后出厂销售，检验不合格进行返工处理。复合肥料生产过程中，计量混合和烘干为关键质量控制点。严格控制计量混合和烘干两个关键质量控制点的各项指标，保证投料准确、烘干充分，才能保证养分含量和水分含量达标，从而保证复合肥料的产品质量。

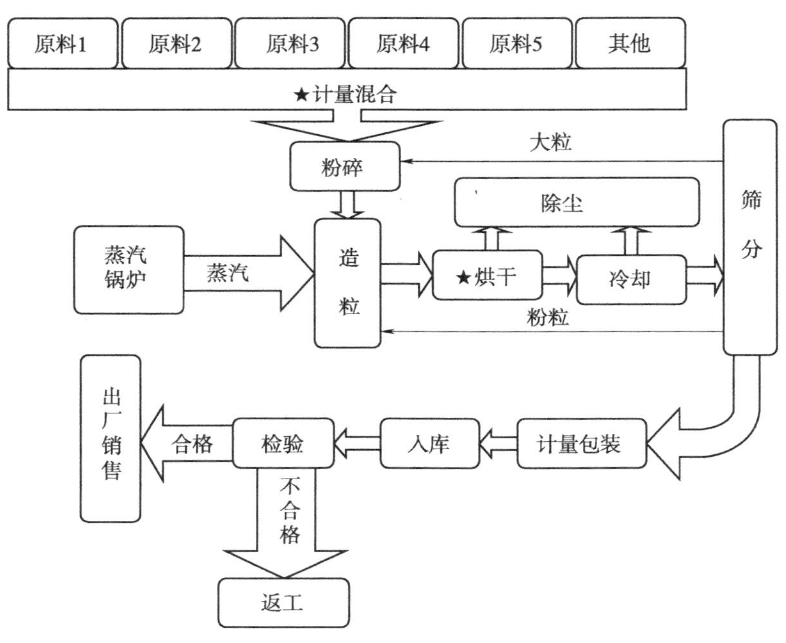


**图1　复合肥料（有机无机复混肥料）典型生产工艺流程图**

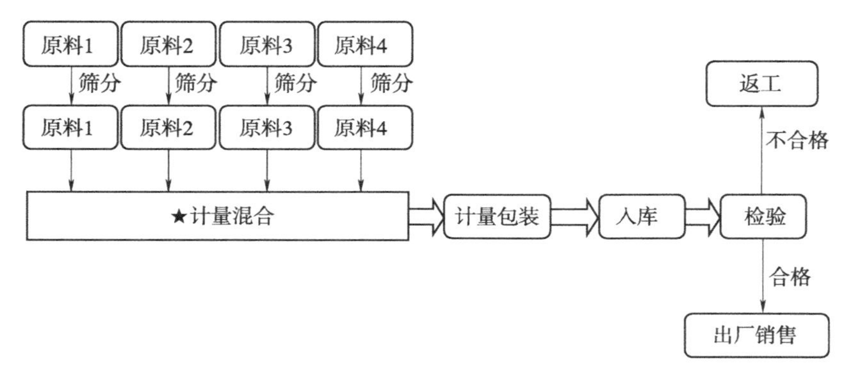


**图2　掺混肥料典型生产工艺流程图**

### 2.2.2 操作控制

各生产岗位严格按照操作规程进行正确操作是保证复合肥料产品质量的重要方面。根据生产设备不同，复合肥料生产岗位会有不同。以复合肥料典型工艺流程为例，主要生产岗位包括投料岗位、筛分岗位、配料岗位、粉碎岗位、造粒岗位、热风炉岗位、干燥冷却筛分岗位、包装岗位等。各岗位均要严格按操作规程的规定进行正确操作，但不同岗位又有其特殊要求。其中计量混合和烘干为生产中的关键质量控制点，这两个岗位人员的操作尤为重要。计量混合环节要求根据生产肥料养分配比，正确计算各种原辅材料投入量，将各种原辅材料按配方比例进行准确计量混合；另外，生产过程中要连续进料，料斗不得放空，并对设备运行时时监控，保证投料均匀，以保证产品的养分含量精确可控。烘干环节要求保持系统进出料连续稳定；烘干机入口温度、冷却机出口颗粒温度控制准确，以保证产品的水分含量达到要求。

#### 2.2.2.1 投料岗位

（1）岗位任务：按生产部下发的配方领料单和生产任务单，在仓库领用相应的原辅材料和包装材料，并运至对应的预混岗、筛分岗、投料岗或包装岗。

（2）作业要求：严格按照配方领料单中原辅材料的名称、规格、商标进行领料；原辅材料的领用和供应要根据使用进度持续供给，不得断料；原辅材料运输过程中，做好产品的防护工作，杜绝损坏和撒漏现象发生。

（3）不正常现象及处理方法（表1）。

表1 不正常现象及处理方法

| 序号 | 不正常现象 | 原因分析 | 处理方法 |
|---|---|---|---|
| 1 | 原材料包装破损 | 运输导致 | 轻微破损，进行捆扎后运送；破损较大时，串袋运送 |
| 2 | 叉车故障 | 设备故障 | 及时报修，更换备用车辆 |

### 2.2.2.2 筛分岗位

（1）岗位任务：将领料岗运来的缓控尿素、大颗粒尿素、磷酸二铵、大颗粒氯化钾等原材料分别进行筛分，得到所需粒径颗粒，入库备用或运至配料岗位使用。

（2）作业要求。严格按照配方单和任务单所需原材料的品种和数量进行筛分；来料、出料按品种分开码放，标识清晰，杜绝误投错投，误码错码现象。

（3）不正常现象及处理方法（表2）。

**表2 不正常现象及处理方法**

| 序号 | 不正常现象 | 原因分析 | 处理方法 |
|---|---|---|---|
| 1 | 筛分合格颗粒中混有粉粒 | 筛网堵塞 | 清理筛网，把筛分的颗粒进行重新筛分 |
| 2 | 筛分的合格颗粒中混有大粒 | 筛网破损 | 停机后报修或更换筛网 |

### 2.2.2.3 配料岗位

（1）岗位任务：将各种原辅材料按配方比例进行计量混合。

（2）作业要求：计量准确，控制实际投料量与系统显示累积量误差；生产过程中进料连续，料斗不得放空；监控各设备运行情况（投料速度、物料循环周期、烘干机入口出口温度、机器电流等）。

（3）不正常现象及处理方法（表3）。

**表3 不正常现象及处理方法**

| 序号 | 不正常现象 | 原因分析 | 处理方法 |
|---|---|---|---|
| 1 | 计算机无法启动 | 计算机故障 | 计算机维修，启动手动设置 |
| 2 | 计量皮带无料 | 进料不畅 | 料斗加料，清理下料口 |
| 3 | 皮带跑偏 | 传动系统运行不畅 | 调节张紧装置，清理积料，调整滚筒平等度 |
| 4 | 系统显示累积投料量偏差大 | 秤计量有误差 | 校秤，重新设定转换系数 |
| 5 | 某设备电流超限 | 设备超负荷 | 检查设备，清理物料黏结 |

#### 2.2.2.4 粉碎岗位

（1）岗位任务：负责原料及返料的破碎，为造粒岗位提供合格的物料。

（2）作业要求：按照要求控制出料的粒度。

（3）不正常现象及处理方法（表4）。

表4 不正常现象及处理方法

| 序号 | 不正常现象 | 原因分析 | 处理方法 |
|---|---|---|---|
| 1 | 粉碎机声音异常 | 粉碎机运行问题 | 清理机内积料及下料口，必要时停机清理 |
| 2 | 粉碎机出口物料粒径过大 | 粉碎不充分 | 降低投料量，粉碎机链条缺损需要更换 |

#### 2.2.2.5 造粒岗位

（1）岗位任务：完成混合物造粒操作，制备符合粒度要求的复合肥物料。

（2）作业要求：根据物料量、物料组分和烘干温度，协调前后岗位调整水汽用量，以达到最终稳定高效的成粒效果。

（3）不正常现象及处理方法（表5）。

表5 不正常现象及处理方法

| 序号 | 不正常现象 | 原因分析 | 处理方法 |
|---|---|---|---|
| 1 | 造粒机齿轮有周期性噪声 | 大、小齿轮啮合不好或侧隙过小 | 调整大小齿轮的相对位置，保证齿轮接触面积、齿顶和齿侧间隙 |
| 2 | 齿轮有冲击声 | ①托轮磨损严重<br>②小齿轮磨损严重 | ①调整前后托轮装置各自一组托轮的间距，外圆不平整，光洁度低，应精车轮外圆<br>②小齿轮调向或更换 |
| 3 | 筒体振动或轴向窜动量过大 | ①托轮装置与底板联结螺栓松动<br>②托轮位置变动 | ①拧紧联接螺栓<br>②校正托轮位置 |
| 4 | 挡轮磨损严重 | 筒体轴向力过大 | 调整托轮使档轮与轮带尽可能少接触 |

（续表）

| 序号 | 不正常现象 | 原因分析 | 处理方法 |
|---|---|---|---|
| 5 | 轴承温升过大 | ①缺油<br>②轴承有脏物<br>③轴承间隙过大<br>④轴承滚珠损坏 | ①加油<br>②清除脏物<br>③调整轴承间隙<br>④更换轴承 |
| 6 | 出料粒度过大 | ①液相量过大<br>②进粒粒度过大 | ①高速加汽、水量<br>②通知破碎岗位，调整出料粒度 |
| 7 | 出料粒度过小 | ①液相量不足<br>②物料在造粒机内停留时间太短，挡板损坏 | ①调整加汽、水量<br>②调整进粒量，维修造粒机挡板 |

#### 2.2.2.6　热风炉岗位

（1）岗位任务：负责热风炉的操作，向干燥岗位提供符合工艺要求的热风。

（2）作业要求：定时检查气压情况，保证燃烧情况良好；观察烘干机出口物料状况，适时调整炉温。

（3）不正常现象及处理方法（表6）。

**表6　不正常现象及处理方法**

| 序号 | 不正常现象 | 原因分析 | 处理方法 |
|---|---|---|---|
| 1 | 炉子呈正压 | 风量过大 | 增大抽风量、减少鼓风量 |
| 2 | 干燥机出口物料颗粒强度小，水分高 | 干燥不充分 | 增加供热量或减少进料量 |
| 3 | 干燥机内物料熔结 | 温度过高 | 适当降温、减风 |

#### 2.2.2.7　干燥冷却筛分岗位

（1）岗位任务：将造粒岗位输送来的经过造粒的复合肥进行干燥、冷却和筛分，将符合要求的成品复合肥输运到包装岗位，不符合要求的物料送破碎岗位重新破碎。同时对干燥机、冷却机尾气进行除尘。

（2）作业要求：开机后应及时调整操作条件，保持系统进出料连续稳定，各工艺指标在控制范围内；各设备运行指标控制（烘干机入口温度、烘干机出口温度、粉碎机电流、造粒机电流、烘干机电流、冷却机电流等）；冷却机出口颗粒温度小于50℃；颗粒强度符合要求；滚筒筛出口颗粒均一，无粉粒、大粒及杂物。

（3）不正常现象及处理方法（表7）。

**表7　不正常现象及处理方法**

| 序号 | 不正常现象 | 原因 | 处理方法 |
| --- | --- | --- | --- |
| 1 | 干燥后物料含水量大 | ①供热不足<br>②投料量过大 | ①增加供热量<br>②减少投料量 |
| 2 | 物料在干燥机内出现熔结 | ①进口烟道气温过高或气量过大<br>②进口物料含温量过高或波动过大 | ①降温、减风<br>②通知造粒岗位调整工艺指标 |
| 3 | 干燥机尾气温度高 | ①进口气温高<br>②投料量小<br>③进口物料湿含量低 | ①降温<br>②加大投料量<br>③通知造粒岗位调整操作条件 |
| 4 | 干燥机入口负压过大 | ①尾气风机蝶阀开度过大<br>②热风机蝶阀开度过小 | ①减小蝶阀开度<br>②增大开度 |
| 5 | 干燥机呈正压 | ①与上条相反<br>②尾气系统堵塞，尾气管道结垢严重 | ①调整蝶阀开度<br>②清理 |
| 6 | 成品温度高 | ①投料量过大<br>②冷却系统管道结垢严重 | ①减少投料量<br>②清理 |
| 7 | 成品中夹带较多细粉 | ①筛网堵塞<br>②产品成粒率太低，滚筒筛负荷过重 | ①清理<br>②协调各岗位，提高成球率 |
| 8 | 成品中出现大粒子 | 筛网局部破损 | 停车修补或更换筛网 |
| 9 | 尾气风机振动加剧 | ①风叶结垢<br>②壳体结垢与叶轮磨损 | 停车清理 |
| 10 | 排空尾气带尘 | ①除尘间积料过多<br>②除尘间通道堵塞 | 清理 |

#### 2.2.2.8 包装岗位

（1）岗位任务：按质按量地将本班生产的复肥进行计量包装入库。

（2）作业要求：检查缝包机（包括备用机）是否完好，下料口是否堵塞，确保设备完好，杜绝因本岗位设备故障，造成全系统停车；每隔一定时间用检定合格的计量秤对自动计量秤校对一次，确保包装重量准确；保持成品清洁，码放整齐；按要求缝包。

（3）不正常现象及处理方法（表8）。

**表8 不正常现象及处理方法**

| 序号 | 不正常现象 | 原因分析 | 处理方法 |
| --- | --- | --- | --- |
| 1 | 包装颗粒混有粉粒或大粒 | 筛网堵塞或破损 | ①清理或修理滚筒筛<br>②不合格颗粒返回冷却机出口 |
| 2 | 缝包断线 | ①线路穿错<br>②线质量差<br>③缝线拉得太紧<br>④机针太高 | ①按要求重穿<br>②换缝包线<br>③调整至松紧适度<br>④降低针杆高度 |

## 2.3 检验控制

检验是控制复合肥料产品质量的重要手段。按标准进行取样和检验，保证样品的代表性和检测的准确性是保证产品质量的重要环节。原料检验可以详细了解原材料质量情况，保证用合格的原材料进行生产。过程检验可以及时发现生产中存在的问题，及时调整。成品检验可以控制成品质量，保证出厂产品为合格产品。

### 2.3.1 检验内容

#### 2.3.1.1 原料检验

原辅材料到货后，保管员进行验收，如需进行检测时向化验室进行报检。化验室接到报检通知，按照标准进行取样，根据该原料的执行标准规定的方法和项目要求进行样品制备和检验。

（1）取样：化验室接到报检通知，到库房采样，取样需按照标准规范进行，进行样品的制备和留样。为保证样品的代表性，需要保证采样袋数。采样袋数确定原则如下（表9）。

不超过512袋时，按照下表确定采样袋数；大于512袋时，按式（1）计算结果确定最少采样袋数，如遇小数，则进为整数。

$$最少采样袋数 = 3\times\sqrt[3]{N} \quad (1)$$

式中：$N$——每批产品总袋数。

**表9 采样袋数的确定**

| 总袋数 | 最少采样袋数 | 总袋数 | 最少采样袋数 |
|---|---|---|---|
| 1~10 | 全部 | 182~216 | 18 |
| 11~49 | 11 | 217~254 | 19 |
| 50~64 | 12 | 255~296 | 20 |
| 65~81 | 13 | 297~343 | 21 |
| 82~101 | 14 | 344~394 | 22 |
| 102~125 | 15 | 395~450 | 23 |
| 126~151 | 16 | 451~512 | 24 |
| 152~181 | 17 | | |

按上表或式（1）计算结果随机抽取一定袋数，用采样器沿每袋最长对角线插入至袋的3/4处，每袋取出不少于100g样品，每批采取总样品量不少于2kg。将采取的样品迅速混匀，用缩分器或四分法将样品缩分到1kg，再缩分成两份，分装于两个洁净、干燥的500mL具有磨口塞的广口瓶或聚乙烯瓶中（生产企业质检部门可用洁净干燥的塑料自封袋盛装样品），密封并贴上标签，注明生产企业名称、产品名称、批号或生产日期、采样日期、采样人姓名，一瓶作产品质量分析，一瓶保存两个月，以备查用。

（2）检验：化验员根据不同原料执行标准规定的检验方法对相关项目进行检验（常用原料检验项目及标准方法见表10），并按照相应标准进行判定（常用原料判定标准见表11）。

**表 10　原料检验项目及检测方法**

| 序号 | 原料名称 | 产品标准 | 检测项目 | 检测方法 |
| --- | --- | --- | --- | --- |
| 1 | 农业用氯化铵 | GB/T 2946 | 氮 | GB/T 8572—蒸馏后滴定法 |
| | | | 水分 | GB/T 2946—干燥法 |
| 2 | 硫酸铵 | GB 535 | 氮 | GB 535—蒸馏后滴定法 |
| | | | 水分 | GB 535—重量法 |
| 3 | 农用尿素 | GB 2440 | 总氮 | GB/T 2441. 1—蒸馏后滴定法 |
| | | | 粒度（2. 00~4. 75mm） | GB/T 2441. 7—筛分法（大粒尿素检测） |
| 4 | 过磷酸钙 | GB 20413 | 有效磷 | GB 20413—磷钼酸喹啉重量法 |
| | | | 水溶磷 | GB 20413—磷钼酸喹啉重量法 |
| | | | 水分 | GB 20413—烘箱干燥法 |
| 5 | 磷酸一铵磷酸二铵 | GB 10205 | 总养分 | GB/T 10209. 1　GB/T 10209. 2 |
| | | | 总氮 | GB/T 10209. 1 蒸馏后滴定法 |
| | | | 有效磷 | GB/T 10209. 2 磷钼酸喹啉重量法 |
| | | | 水溶性磷占有效磷百分比 | GB/T 10209. 2 磷钼酸喹啉重量法 |
| | | | 水分的质量分数 | GB/T 10209. 3 真空干燥箱法 |
| | | | 粒度（1. 00~4. 00mm） | GB/T 10209. 4—筛分法（磷酸二铵检测项目） |
| 6 | 氯化钾 | GB 6549 | 氧化钾的质量分数 | GB 6549—四苯硼钾重量法 |
| | | | 水分 | GB 6549—烘箱干燥法 |
| | | | 粒度（1. 00~4. 00mm） | 筛分法（大粒钾检测项目） |
| 7 | 硫酸钾 | GB 20406 | 氧化钾 | GB 20406 四苯硼钾重量法 |
| | | | 氯离子 | GB 20406 佛尔哈德法 |
| | | | 水分 | GB 20406 重量法 |

注：上表中执行标准不标注日期，均执行最新版本。

**表 11　常用原料判定标准**

| 产品名称 | 标准号 | 等级 | 规格 | 指标及判定标准（%）≥ | | | | | 水分（%）≤ | 备注 |
|---|---|---|---|---|---|---|---|---|---|---|
| | | | | N | $P_2O_5$ | $K_2O$ | 水溶磷/有效磷 | 总养分（$N+P_2O+K_2O$） | | |
| 农业用氯化铵 | GB 2946 | 优等品 | 25.4 | 25.4 | | | | | 0.5 | 氮的质量分数以干基计 |
| | | 一等品 | 24.5 | 24.5 | | | | | 1.0 | 氮的质量分数以干基计 |
| | | 合格品 | 23.5 | 23.5 | | | | | 8.5 | 氮的质量分数以干基计 |
| 硫酸铵 | GB 535 | 优等品 | 21.0 | 21.0 | | | | | 0.2 | 氮的质量分数以干基计 |
| | | 一等品 | 21.0 | 21.0 | | | | | 0.3 | 氮的质量分数以干基计 |
| | | 合格品 | 20.5 | 20.5 | | | | | 1.0 | 氮的质量分数以干基计 |
| 农用尿素 | GB 2440 | 优等品 | 46.0 | 46.0 | | | | | | 大颗粒尿素粒度（2.00~4.75mm）≥93% |
| | | 合格品 | 45.0 | 45.0 | | | | | | |
| 磷酸二铵 | GB 10205 | 传统法优等品（18-46-0） | 64.0 | 17.0 | 45.0 | | 87 | 64.0 | 2.5 | 粒度（1.00~4.00mm）≥90% |
| | | 料浆法优等品（16-44-0） | 60.0 | 15.0 | 43.0 | | 80 | 60.0 | 2.5 | |
| 粉状磷酸一铵 | | 优等品（11-47-0） | 58.0 | 10.0 | 46.0 | | 80 | 58.0 | 3.0 | 料浆法 |
| | | 一等品（11-44-0） | 55.0 | 10.0 | 43.0 | | 75 | 55.0 | 4.0 | |

（续表）

| 产品名称 | 标准号 | 等级 | 规格 | 指标及判定标准（%）≥ | | | | | 水分（%）≤ | 备 注 |
|---|---|---|---|---|---|---|---|---|---|---|
| | | | | N | $P_2O_5$ | $K_2O$ | 水溶磷/有效磷 | 总养分（$N+P_2O+K_2O$） | | |
| 粉状磷酸一铵 | GB 10205 | 合格品（10-42-0） | 52.0 | 9.0 | 41.0 | | 70 | 52.0 | 5.0 | 料浆法 |
| | | 优等品（9-49-0） | 58.0 | 8.0 | 48.0 | | 80 | 58.0 | 3.0 | 传统法 |
| | | 一等品（8-47-0） | 55.0 | 7.0 | 46.0 | | 75 | 55.0 | 4.0 | |
| 过磷酸钙 | GB 20413 | 优等品 | 18.0 | | 18.0 | | 75 | | 12.0 | |
| | | 一等品 | 16.0 | | 16.0 | | 70 | | 14.0 | |
| 氯化钾 | GB 6549 | 优等品（Ⅰ类） | 62.0 | | | 62.0 | | | 2.0 | 大颗粒产品粒度（2.00~4.00mm）≥80% |
| | | 一等品（Ⅰ类） | 60.0 | | | 60.0 | | | 2.0 | |
| | | 合格品（Ⅰ类） | 58.0 | | | 58.0 | | | 2.0 | |
| | | 优等品（Ⅱ类） | 60.0 | | | 60.0 | | | 2.0 | |
| | | 一等品（Ⅱ类） | 57.0 | | | 57.0 | | | 4.0 | |
| 氯化钾 | GB 6549 | 合格品（Ⅱ类） | 55.0 | | | 55.0 | | | 6.0 | 大颗粒产品粒度（2.00~4.00mm）≥80% |

（续表）

| 产品名称 | 标准号 | 等级 | 规格 | 指标及判定标准（%）≥ | | | | | 水分（%）≤ | 备 注 |
|---|---|---|---|---|---|---|---|---|---|---|
| | | | | N | $P_2O_5$ | $K_2O$ | 水溶磷/有效磷 | 总养分（$N+P_2O+K_2O$） | | |
| 硫酸钾 | GB 20406 | 粉末状优等品 | 52.0 | | | 52.0 | | | 1.0 | 粉末结晶状 |
| | | 粉末状一等品 | 50.0 | | | 50.0 | | | 1.5 | |
| | | 粉末状合格品 | 45.0 | | | 45.0 | | | 2.0 | |
| | | 颗粒状优等品 | 50.0 | | | 50.0 | | | 1.0 | 粒度（1.00~4.75mm）≥90% |
| | | 颗粒状合格品 | 45.0 | | | 45.0 | | | 2.0 | |

注：表中执行标准不标注日期，均执行最新版本。

### 2.3.1.2 过程检验（表12）

生产前，按照配方投料单对所用包装物品种和规格进行核对，符合的可以投入生产，不符合的马上联系保管员进行调换。开机前，计量包装岗操作人员核对计量包装秤设定情况是否符合要求，并用经检定的计量秤进行核对，符合要求才能开机生产，不符合的马上调整。生产过程中，各岗位操作人员需时时对肥料颗粒性状、包装质量进行检查。

表12 过程检验项目及方法

| 序号 | 检验项目 | 判定标准 | 检验人员及检验频次 |
|---|---|---|---|
| 1 | 开机前检查 | 包装标识、规格与配方要求相符 | 操作工、巡检员/开机前 |
| 2 | | 合格证信息、批号、班组信息相符 | 操作工、巡检员/开机前 |
| 3 | | 包装秤设定值核对，并用标准秤校对准确 | 操作工、巡检员/开机前 |
| 4 | 肥料外观检验 | 肥料颗粒均匀度（颜色、大小、圆整度） | 操作工时时/巡检员定时巡检 |
| 5 | | 肥料颗粒纯净度（干净，无杂质） | 操作工时时/巡检员定时巡检 |
| 6 | | 肥料颗粒强度（手指难以切碎） | 操作工时时/巡检员定时巡检 |
| 7 | 包装质量检查 | 包装清洁度（外观清洁，无污物） | 操作工时时/巡检员定时巡检 |
| 8 | | 缝口平整，无跳线，线头3～5cm，折边≥1cm | 操作工时时/巡检员定时巡检 |
| 9 | | 合格证检查（无遗漏） | 操作工时时/巡检员定时巡检 |
| 10 | 计量检查 | 检定的计量秤核对自动包装秤数值 | 巡检员定时巡检 |

### 2.3.1.3 产品检验

产品检验分为出厂检验和型式检验。出厂检验项目因产品不同而不同，包括以下项目。

复合肥料产品出厂检验项目：外观、总养分含量、单一养分含量、水溶磷占有效磷的百分率（适用时）、硝态氮含量（适用时）、水分、粒度、氯离子含量（适用时）、中量元素含量（适用时）、微量元素含量（适用时）；掺混肥料产品出厂检验项目：外观、总养分含量、单一养分含量、水溶磷占有效磷的百分率（适用时）、水分、粒度、氯离子含量（适用时）、中量元素含量（适用时）、微量元素含量（适用时）；有机无机复混肥料出厂检验项目：外观、有机质含量、总养分含量、水分、粒度、酸碱度、氯离子含量、钠离子含量。

型式检验项目为技术要求中规定的所有项目，在有下列情况之一时进行型式检验：正式生产后，如原材料、工艺有较大改变，可能影响产品质量指标时；正常生产时，定期或累积到一定量后进行，缩二脲每6个月至少检验一次，其他有毒有害物质含量每两年至少检验一次；长期停产后恢复生产时；政府监管部门提出型式检验要求时。

肥料包装完成入库后，保管员向化验室进行成品报检，化验员按标准对成品进行取样，根据该肥料产成品的执行标准规定的方法和项目要求进行样品制备和检验，指标严格按照该产品的执行标准进行判定。如果不合格进行复检，如果仍不合格，将检测结果提交生产技术部，安排进行返工处理，并对该批产品进行隔离标识更换为不合格品。

（1）取样

化验室接到报检通知，到库房采样，需按照标准规范进行取样、样品的制备和留样。产品取样方法与原料取样方法相同。

（2）检验（表13—表18）。

**表13　复合肥料主要检验项目及常用检测方法**

| 检测项目 | 检测方法 |
|---|---|
| 总氮 | GB/T 8572　蒸馏后滴定法<br>GB/T 22923　自动分析仪法<br>NY/T 1977　2010 杜马斯燃烧法 |
| 有效磷和水溶磷占有效磷百分率 | GB/T 15063　2020　磷钼酸喹啉重量法<br>GB/T 8573　磷钼酸喹啉重量法或等离子体发射光谱法<br>GB/T 22923　自动分析仪法 |
| 钾 | GB/T 8574　四苯硼酸钾重量法<br>GB/T 22923　自动分析仪法 |
| 硝态氮 | GB/T 3597　氮试剂重量法<br>GB/T 22923　自动分析仪法<br>GB/T 8572　差减法<br>NY/T 1116　紫外分光光度法 |
| 水分 | GB/T 8577　卡尔·费休法<br>GB/T 8576　真空烘箱法 |
| 粒度 | GB/T 24891　筛分法 |

（续表）

| 检测项目 | 检测方法 |
| --- | --- |
| 氯离子 | GB/T 24890　容量法<br>GB/T 15063—2020　自动电位滴定法 |
| 中量元素 | 有效钙、有效镁：GB/T 19203　容量法<br>GB/T 15063—2020　等离子发射光谱法<br>总硫：GB/T 19203　灼烧法和烘干法 |
| 微量元素 | GB/T 34764　等离子发射光谱法<br>GB/T 14540　原子吸收分光光度法 |
| 缩二脲 | GB/T 22924　液相色谱法和分光光度法 |
| 总镉 | GB/T 23349　原子吸收分光光度法 |
| 总汞 | NY/T 1978—2010　原子荧光光谱法 |
| 总砷 | NY/T 1978—2010　原子荧光光谱法 |
| 总铅 | GB/T 23349　原子吸收分光光度法 |
| 总铬 | GB/T 23349　原子吸收分光光度法 |
| 总铊 | GB 38400—2019　电感耦合等离子发射光谱法 |

**表 14　复合肥料的指标要求**

| 项目 | 指标要求 |
| --- | --- |
| 外观 | 粒状、条状或片状产品，无机械杂质 |
| 总养分（$N+P_2O_5+K_2O$） | ≥标明值，且不低于 25.0%<br>高浓度：总养分≥40.0%<br>中浓度：总养分≥30.0%<br>低浓度：总养分≥25.0% |
| 单一养分（N、$P_2O_5$、$K_2O$） | 不小于 4.0%，标明值负偏差的绝对值不大于 1.5% |
| 硝态氮 | ≥1.5% |
| 水溶性磷占有效磷百分率 | 高浓度（总养分≥40.0%）：≥60%<br>中浓度（总养分≥30.0%）：≥50%<br>低浓度（总养分≥25.0%）：≥40% |
| 水分<br>（$H_2O$） | 高浓度（总养分≥40.0%）：≤2.0%<br>中浓度（总养分≥30.0%）：≤2.5%<br>低浓度（总养分≥25.0%）：≤5.0% |
| 粒度（1.00~4.75mm 或 3.35~5.60mm） | ≥90% |

（续表）

| 项目 | 指标要求 |
| --- | --- |
| 氯离子 | 未标“含氯”产品：≤3.0%<br>标识“含氯（低氯）”产品：≤15.0%<br>标识“含氯（中氯）”产品：≤30.0% |
| 单一中量元素（以单质计） | 有效钙≥1.0%<br>有效镁≥1.0%<br>总硫≥2.0% |
| 单一微量元素（以单质计） | ≥0.02% |
| 缩二脲 | ≤1.5%<br>（适用于种肥同播的产品缩二脲含量应≤0.8%） |
| 总镉 | ≤10mg/kg |
| 总汞 | ≤5mg/kg |
| 总砷 | ≤50mg/kg |
| 总铅 | ≤200mg/kg |
| 总铬 | ≤500mg/kg |
| 总铊 | ≤2.5mg/kg |

注：1. 以钙镁磷肥等枸溶性磷肥为基础磷肥并在包装容器上注明为“枸溶性磷”时，“水溶性磷占有效磷百分率”项目不做检验和判定，若为氮、钾二元肥料，“水溶性磷占有效磷百分率”项目不做检验和判定；

2. 水分以生产企业出厂检验数据为准；

3. 氯离子的质量分数大于30.0%的产品，应在包装袋上标明“含氯（高氯）”，标识“含氯（高氯）”的产品氯离子的质量分数可不做检验和判定；

4. 包装容器上标明含硝态氮、钙、镁、硫、铜、铁、锰、锌、硼、钼时检测该项目，钼元素的质量分数不高于0.5%；

5. 特殊形状或更大颗粒（粉状除外）产品的粒度可由供需双方协议确定。

**表15　掺混肥料主要检验项目及常用检测方法**

| 检测项目 | 检测方法 |
| --- | --- |
| 总氮 | GB/T 8572　蒸馏后滴定法<br>GB/T 22923　自动分析仪法<br>NY/T 1977　2010 杜马斯燃烧法 |
| 有效磷和水溶磷占有效磷百分率 | GB/T 15063　磷钼酸喹啉重量法<br>GB/T 8573　磷钼酸喹啉重量法或等离子体发射光谱法<br>GB/T 22923　自动分析仪法 |

（续表）

| 检测项目 | 检测方法 |
|---|---|
| 钾 | GB/T 8574　四苯硼酸钾重量法<br>GB/T 22923　自动分析仪法 |
| 水分 | GB/T 8577　卡尔·费休法<br>GB/T 8576　真空烘箱法 |
| 粒度 | GB/T 24891　筛分法 |
| 氯离子 | GB/T 24890　容量法<br>GB/T 15063—2020　自动电位滴定法 |
| 中量元素 | 有效钙、有效镁：GB/T 19203　容量法<br>GB/T 15063—2020　等离子发射光谱法<br>总硫：GB/T 19203　灼烧法和烘干法 |
| 微量元素 | GB/T 34764　等离子发射光谱法<br>GB/T 14540　原子吸收分光光度法 |
| 缩二脲 | GB/T 22924　液相色谱法和分光光度法 |
| 总镉 | GB/T 23349　原子吸收分光光度法 |
| 总汞 | NY/T 1978—2010　原子荧光光谱法 |
| 总砷 | NY/T 1978—2010　原子荧光光谱法 |
| 总铅 | GB/T 23349　原子吸收分光光度法 |
| 总铬 | GB/T 23349　原子吸收分光光度法 |
| 总铊 | GB 38400　电感耦合等离子发射光谱法 |

**表 16　掺混肥料的指标要求**

| 项　目 | 指标要求 |
|---|---|
| 外观 | 颗粒状，无机械杂质 |
| 总养分（$N+P_2O_5+K_2O$） | ≥35.0% |
| 单一养分（N、$P_2O_5$、$K_2O$） | 不小于 4.0%，标明值负偏差的绝对值不大于 1.5% |
| 水溶性磷占有效磷百分率 | ≥60% |
| 水分（$H_2O$） | ≤2.0% |
| 粒度（2.00~4.75mm） | ≥90% |
| 氯离子 | 未标“含氯”产品：≤3.0%<br>标识“含氯（低氯）”产品：≤15.0%<br>标识“含氯（中氯）”产品：≤30.0% |

（续表）

| 项　目 | 指标要求 |
|---|---|
| 单一中量元素（以单质计） | 有效钙≥1.0%<br>有效镁≥1.0%<br>总硫≥2.0% |
| 单一微量元素（以单质计） | ≥0.02% |
| 缩二脲 | ≤1.5% |
| 总镉 | ≤10mg/kg |
| 总汞 | ≤5mg/kg |
| 总砷 | ≤50mg/kg |
| 总铅 | ≤200mg/kg |
| 总铬 | ≤500mg/kg |
| 总铊 | ≤2.5mg/kg |

注：1. 以钙镁磷肥等枸溶性磷肥为基础磷肥并在包装容器上注明为“枸溶性磷”时，“水溶性磷占有效磷百分率”项目不做检验和判定，若为氮、钾二元肥料，“水溶性磷占有效磷百分率”项目不做检验和判定；

2. 氯离子的质量分数大于30.0%的产品，应在包装袋上标明“含氯（高氯）”，标识“含氯（高氯）”的产品氯离子的质量分数可不做检验和判定；

3. 包装容器上标明含硝态氮、钙、镁、硫、铜、铁、锰、锌、硼、钼时检测该项目，钼元素的质量分数不高于0.5%。

**表17　有机无机复混肥料主要检验项目及常用检测方法**

| 检测项目 | 检测方法 |
|---|---|
| 有机质 | GB/T 18877　重铬酸钾容量法 |
| 总氮 | GB/T 17767.1　蒸馏后滴定法<br>GB/T 22923　自动分析仪法 |
| 有效磷 | GB/T 15063　磷钼酸喹啉重量法<br>GB/T 8573　磷钼酸喹啉重量法和等离子体发射光谱法 |
| 钾 | GB/T 17767.1　四苯硼酸钾重量法或火焰光度法 |
| 水分 | GB/T 8577　卡尔·费休法<br>GB/T 8576　真空烘箱法 |
| pH 值 | GB/T 18877　pH 值法 |
| 粒度 | GB/T 24891　筛分法 |

（续表）

| 检测项目 | 检测方法 |
| --- | --- |
| 蛔虫卵死亡率 | GB/T 19524.2 |
| 粪大肠菌群数 | GB/T 19524.1 |
| 氯离子 | GB/T 18877　容量法<br>NY/T 1117　自动电位滴定法 |
| 钠离子 | NY/T 1972　火焰光度法和等离子体发射光谱法 |
| 缩二脲 | GB/T 22924　液相色谱法和分光光度法 |
| 总镉 | GB/T 23349　原子吸收分光光度法<br>NY/T 1978　原子荧光光谱法 |
| 总汞 | GB/T 23349　原子吸收分光光度法<br>NY/T 1978　原子荧光光谱法 |
| 总砷 | GB/T 23349　原子吸收分光光度法<br>NY/T 1978　原子荧光光谱法 |
| 总铅 | GB/T 23349　原子吸收分光光度法<br>NY/T 1978　原子荧光光谱法 |
| 总铬 | GB/T 23349　原子吸收分光光度法<br>NY/T 1978　原子荧光光谱法 |
| 总铊 | GB 38400　2019 附录 B—电感耦合等离子发射光谱法 |

**表 18　有机无机复混肥料的指标要求**

| 项目 | | | 指标 | | |
| --- | --- | --- | --- | --- | --- |
| | | | Ⅰ型 | Ⅱ型 | Ⅲ型 |
| 有机质含量 | | ≥ | 20% | 15% | 10% |
| 总养分含量（$N+P_2O_5+K_2O$） | | ≥ | 15.0% | 25.0% | 35.0% |
| 水分含量（$H_2O$） | | ≤ | 12.0% | 12.0% | 10.0% |
| 酸碱度（pH 值） | | | 5.5~8.5 | | 5.0~8.5 |
| 粒度（1.00~4.75mm 或 3.35~5.60mm） | | ≥ | 70% | | |
| 蛔虫卵死亡率 | | ≥ | 95% | | |
| 粪大肠菌群数 | | ≤ | 100 个/g | | |
| 氯离子含量 | 未标“含氯”的产品 | ≤ | 3.0% | | |
| | 标“含氯（低氯）”的产品 | ≤ | 15.0% | | |
| | 标“含氯（中氯）”的产品 | ≤ | 30.0% | | |

（续表）

| 项目 | | 指标 | | |
|---|---|---|---|---|
| | | Ⅰ型 | Ⅱ型 | Ⅲ型 |
| 砷及其化合物含量（以 As 计） | ≤ | 50mg/kg | | |
| 镉及其化合物含量（以 Cd 计） | ≤ | 10mg/kg | | |
| 铅及其化合物含量（以 Pb 计） | ≤ | 150mg/kg | | |
| 铬及其化合物含量（以 Cr 计） | ≤ | 500mg/kg | | |
| 汞及其化合物含量（以 Hg 计） | ≤ | 5mg/kg | | |
| 钠离子含量 | ≤ | 3.0% | | |
| 缩二脲含量 | ≤ | 0.8% | | |
| 总铊 | ≤ | 2.5mg/kg | | |

注：1. 标明的单一养分含量不应低于 3.0%，且单一养分测定值与标明值负偏差的绝对值不应大于 1.5%；

2. 水分以出厂检验数据为准；

3. 指出厂检验数据，当用户对粒度有特殊要求时，可由供需双方协议确定；

4. 氯离子的质量分数大于 30.0% 的产品，应在包装袋上标明"含氯（高氯）"，标识含氯（高氯）的产品氯离子的质量分数可不做检验和判定。

## 2.3.2 检验质量控制

### 2.3.2.1 实验前的质量控制

（1）建立实验室各类规章制度。

严格的管理是保证检测质量的有效手段，有了科学的管理才能保证及时、准确地完成检测任务，因此，化验室必须建立与其工作范围相适应的、严格有效而又切合实际的规章制度和工作程序，这样在工作中便于执行和检查，确保化验室工作的正常进行。归纳起来应制定以下各项基本制度，并贯彻执行：

工作计划、检查和总结制度；

技术责任制和各级人员的岗位责任制；

检验工作质量的保证制度和检验报告的审查制度；

测试仪器设备的购置申请、验收、保管、使用、维修、校准、计量检定制度；

检验标准、操作规程、精密仪器档案、原始记录、检验报告等资料的管理制度；

危险物品、贵重物品和试剂的管理制度；

检验用药品、器材的供应制度；

标样的保管制度；

技术资料、测试原始记录、测试结果报告的管理制度；

检验人员和技术干部的职称晋升，培训和考核制度；

样品的取样、收发、保管、回收制度；

安全、卫生和三废的管理制度；

其他必要的制度。

（2）试验标准规程的控制。

当采用非标准检验方法时，检验方法应经技术负责人审批，并取得委托方同意后方可实施。选择检验方法时应尽可能选用国际或国家标准的通用方法或权威机构（如AOAC）、教科书上发表过的方法。当选用的检验方法不完全适用于受检样品而需在技术上作适当调整时，则应编制检验方法细则。必要时应采用标准物质或其他校验方法验证非标方法。

（3）试验项目的控制。

根据实验室的硬件条件和人员组成客观合理地确定实验室的检测范围和检测项目，对条件不允许或水平尚未达到的检测项目不要强求。

（4）样品的控制。

检验样品的保真是检验过程质量控制的重点之一，是确保检验结果正确性的重要环节，因此，应建立对样品唯一性识别的文件化制度，确保样品的标识在任何时候都不发生混淆；同时还必须对检验样品的接收、贮存、处理、传递等各环节进行有效控制，确保检验样品的真实性。应有固定地点贮存样品并保持清洁，且温、湿度适宜，环境应能满足检验方法中的规定条件，有专人进行管理。

（5）仪器设备与计量器具的控制。

应保证仪器设备与计量器具处于受控和良好的技术状态，出具数据准确可靠。可从以下方面着手控制。

① 仪器设备应统一编号，建立技术档案，包括以下内容：仪器

设备名称、制造厂名称、型号规格、序号或其他唯一性标识号；到货日期、到货时状态（新的、用过的或经修理过的）、投入使用日期；现在放置地点；使用说明书（或复印件）；检定和（或）校验日期、结果以及下次检定和（或）校验日期；维修情况记录等内容。每台仪器有专人负责，负责日常保养、维护、期间核查、校验和检定。

② 计量器具。

保证实验使用器具为经过计量的器具，计量器具责任到人，有固定人员保管并按期检定。

（6）标准物质及实验用品的控制。

为确保标准物质和实验用品能满足检验工作需要，并处于受控和良好的技术状态，标准物质及实验用品应有专人进行管理，并建立相关规章制度。

① 标准物质应统一编号并建立标准物质档案，应至少包括以下内容：标准物质名称、级别、标准编号、唯一标识号；来源、购入日期、购进数量、有效期；标准物质证书；领用记录等。

② 建立实验用品领用记录，记清来源、购入日期、购进数量、有效期，领用人员、领用数量、库存数量等。

③ 试验用水的质量控制：GB 6682—1992《分析实验室用水规格和试验方法》将用于分析试验用水分为三个级别，即一级水、二级水、三级水（表19）。

**表19 分析试验用水的规格及使用**

| 项目 | | | 一级水 | 二级水 | 三级水 |
|---|---|---|---|---|---|
| 指标 | 外观 | | 无色透明液体 | | |
| | pH值范围（25℃） | | —① | —① | 5.0~7.5 |
| | 电导率（25℃）/（mS/m） | ≤ | 0.01② | 0.10② | 0.50 |
| | 可氧化物质［以（O）计］/（mg/L） | < | —③ | 0.08 | 0.4 |
| | 吸光度（254nm，1cm光程） | ≤ | 0.001 | 0.01 | — |
| | 蒸发残渣（105℃±2℃）/（mg/L） | ≤ | —③ | 1.0 | 2.0 |
| | 可溶性硅（以$SiO_2$计）/（mg/L） | < | 0.01 | 0.02 | — |

（续表）

| 项目 | 一级水 | 二级水 | 三级水 |
| --- | --- | --- | --- |
| 制备 | 二级水经过石英设备蒸馏或专用制水仪器 | 多次蒸馏或离子交换或专用制水仪器 | 蒸馏或离子交换或专用制水仪器 |
| 储存 | 不可储存，用前制备 | 储存于清洁密闭的、专用聚乙烯容器 | 储存于清洁密闭的、专用聚乙烯或玻璃容器 |
| 使用 | 有严格要求的分析实验 | 无机痕量分析，如用于原子吸收、原子荧光 | 一般化学分析实验 |

注：1. 由于在一级水、二级水的纯度下，难于测定其真实的 pH 值，因此，对一级水、二级水的 pH 值范围不做规定；

2. 一级水、二级水的电导率需用新制备的水“在线”测定；

3. 由于在一级水的纯度下，难于测定可氧化物质和蒸发残渣，对其限量不做规定。可用其他条件和制备方法来保证一级水的质量。

化学试验用水可用测定电导率法来进行控制，用电导率仪监测水的电导率，确定是否需要更换制水设备相关部件。

（7）实验室的温、湿度控制。

一般肥料检验工作对实验室设施和环境无特殊要求，在通常温、湿度下的实验室条件即可满足技术标准要求的实验条件。实验中对局部环境的要求可通过相应的设备（如空调机）控制。

（8）实验人员控制。

检验人员需经考核合格后，方允许上岗工作；考核不合格者，应重新培训和补考，直至考核合格方可参加检验工作。大型精密仪器设备操作者必须经过专门培训，熟悉仪器性能与操作知识，经考核合格后方可独立操作。应根据人员、业务变动情况及时安排有关人员的重新考核，并不定期进行抽查考核，考核记录均计入个人档案。

#### 2.3.2.2 实验中的质量控制

（1）空白样品实验。

在不加试样或用蒸馏水代替试样的情况下，按照与试样分析同样的操作手续和条件进行分析试验，得到空白值，然后从试样分析结果中扣除空白值，从而校正由于试剂或水不纯等原因所引起的误差，得到比较准确的分析结果。因每次试验所用试剂都不完全相同，试验条件也会有所差别，所以每批试验都要进行空白样品试验，且至少两个以上平行，防止因空白被污染造成整批检验结果不准确。

（2）平行样品实验。

为了减少偶然误差，检测时可以重复多做几次平行实验并取其平均值，因偶然误差遵从正态分布，这样可使正负偶然误差相互抵消，平均值可能更接近真实值。也可以说，在一定测定次数范围内，分析数据的可靠性随测定次数的增多而增加，即平行测定的次数越多，其结果的算术平均值越接近于真实值。

（3）复核盲样实验。

检测过程中定期或不定期地设置部分盲样，即将已经检测过的样品或者是标准物质作为待测样品下达到任务当中，由检验员重新检测，比较两次检测结果的误差，从而判断结果的准确度，如果检测值不相符，应及时找出误差原因并予以消除。

（4）重复样品实验验证。

将同一样品重复编号、作为不同待测样品重复测定，比较检测结果的误差，从而判断结果的准确度。如果误差超过规定值，要及时找出误差原因并予以消除。误差原因有多种，可能是人员操作差别、环境条件的影响、试剂不同、样品均匀度不一致等。

（5）加标回收率验证。

取两等份试样，在一份中加入一已知量的标准物质，在同一条件下用相同的方法进行测定，计算测定结果和加入标准物质的回收率，可作为准确度的指标，以检验分析方法的可靠性。

$$回收率（\%）=\frac{测得总量-样品含量}{标准加入量}\times 100$$

回收率越接近100%，说明结果越准确，如果要求允许差为±2%，则回收率应在98%~102%。

（6）不同人员同一样品比对验证。

不同的检验人员在相同的条件下、用相同的检测方法对同一样品分别进行检测，将所得结果进行比较，判断结果的准确度。如果误差超过规定值，要及时找出误差原因 ，原因可能是人员操作的差别、习惯的不同、对终点的判定理解不同等，根据不同原因，及时进行纠正和改进。

（7）同一人员不同测试方法比对验证。

同一个人用不同的检测方法对同一样品进行检测，将所得结果进行比较，比较不同检测方法对结果的影响，判断结果的准确度。如果两个结果不相符，要对不同检测方法进行分析，找出方法中可能导致误差的环节，正确判断方法的合理性，选择出适当的检测方法。

**2.3.2.3　实验后的质量控制**

（1）实验结果按有效数字运算规则进行计算和修约。

试验过程中，要正确记录测量数据，即记录能准确测量的数字之外，应该也只能保留一位可疑数字，这样可以直观反映测量数据的精确度。结果计算要按照有效数字运算规则进行，合理修约，从而得出正确的检测结果。

（2）实验结果的合理性判断。

一系列平行测定中，常常会发现个别数据对多个数据来说偏离较大，若将这些数据纳入计算过程，就会影响结果的精密度。这种偏离值称可疑值。它的舍弃必须慎重，既不能“去真”，也不能“存伪”。如果在实验过程中已经发现有过失，这个可疑值就应该舍弃，否则会影响平均值的可靠性。如果没有发现过失（并不等于没有过失）则不能随意舍弃，而要用统计方法来判断它究竟是随机误差还是过失造成的，并决定它的去留。常用的方法有如下四种。

① 质量控制图。

控制图也称 SPC 图，是将一个过程定期收集的样本数据按顺序点描绘而成的一种图示技术。控制图可以展示过程的变异，并发现异常变异，进而成为采取改进措施的重要手段。一般用两幅图组合使用，一幅用来监控均值的变化，一幅用来监控过程的变异（极差或标准差）。

当质量特性的随机变量 $X$ 服从正态分布，$X$ 落在 $\mu\pm3\sigma$ 范围内的概率是99.73%。根据小概率事件可以“忽略”的原则，可以认为，如果$X$超出了$\mu\pm3\sigma$范围，则说明存在异常变异。

一个控制图通常有三条线：

中心线（Central Line），简称CL线，其位置与正态分布的均值$\mu$重合；

上控制线（限）[Upper Control Line（Limit）]，简称UCL，其位置在$\mu+3\sigma$处；

下控制线（限）[Lower Control Line（Limit）]，简称LCL，其位置在$\mu-3\sigma$处。

控制图是利用从总体中抽取的样本数值进行判断的，所以可能存在错判和漏判的风险。在控制图中，中心线一般是不变的，所能改变的只是上、下控制线。将上、下控制限定在$\mu\pm3\sigma$处，目的是使两种错判率总损失达到最小。

② 四倍平均偏差法（适用于次数较多的平行测定）。

除去可疑值（$x_i$），求其余数值平均值（$\bar{x}$）及平均偏差（$\bar{d}$）；

当$x_i-\bar{x}\geqslant4\bar{d}$时，则弃去此可疑值，否则应予以保留。

③ $Q$值检验（又称舍弃商法，适用于次数较少的平行测定）。

将数据按大小顺序排列，计算测定值的极差（$d_{\text{im}}$，即最大值与最小值之差值）；

④ 找出可疑值和它近邻值之差（$d_{\text{in}}$）；

⑤ 求舍弃值（$Q'$），$Q'=d_{\text{in}}/d_{\text{im}}$，再查$Q$值表（表20）；

当$Q'\geqslant Q$时，弃去可疑值，否则应予以保留。

**表20 舍弃商$Q$值（置信概率为90%）**

| 测定次数 | 3 | 4 | 5 | 6 | 7 | 8 | 9 | 10 |
|---|---|---|---|---|---|---|---|---|
| $Q_{0.90}$ | 0.94 | 0.76 | 0.64 | 0.56 | 0.51 | 0.47 | 0.44 | 0.41 |

⑥ $G$检验法（Grubbs法）。

首先计算出该组数据的平均值$\bar{x}$及标准差$S$，再根据下式计算出$G$值。

$$G_{计}=\frac{|x_{可疑}-\bar{x}|}{S}$$

如果 $G$ 值很大，说明可疑值与平均值相差较大，至一定界限时即应舍弃。表 21 给出了不同置信概率时的 $G$ 值临界值。当 $G_{计}>G$ 时，该可疑值即应舍弃；反之，则应予以保留。$G$ 检验法的优点是引入了 $\bar{x}$ 和 $S$，方法的准确性较好，但计算较麻烦。如用计算器计算，则很方便。

**表 21　Grubbs 检验法的临界值**

| 测定次数 | 置信概率 | | 测定次数 | 置信概率 | |
|---|---|---|---|---|---|
| | 95% | 99% | | 95% | 99% |
| 3 | 1. 15 | 1. 15 | 15 | 2. 55 | 2. 81 |
| 4 | 1. 48 | 1. 50 | 16 | 2. 59 | 2. 85 |
| 5 | 1. 71 | 1. 76 | 17 | 2. 62 | 2. 89 |
| 6 | 1. 89 | 1. 97 | 18 | 2. 65 | 2. 98 |
| 7 | 2. 02 | 2. 14 | 19 | 2. 68 | 2. 97 |
| 8 | 2. 13 | 2. 27 | 20 | 2. 71 | 3. 00 |
| 9 | 2. 21 | 2. 39 | 21 | 2. 78 | 3. 03 |
| 10 | 2. 23 | 2. 48 | 22 | 2. 76 | 3. 06 |
| 11 | 2. 36 | 2. 56 | 23 | 2. 78 | 3. 09 |
| 12 | 2. 41 | 2. 54 | 24 | 2. 80 | 3. 11 |
| 13 | 2. 46 | 2. 70 | 25 | 2. 82 | 3. 14 |
| 14 | 2. 51 | 2. 76 | | | |

在分析技术规范中，对偏差和相差都规定了允许范围，当平行测定结果超过了允许范围或出现异常，检验人员应认真检查记录、计算、操作、试剂以及检测方法，找出原因后有针对性地进行复测，以保证分析质量，切记不可凑成一些可以接受的数据，蒙混过关，以免造成严重后果。

（3）复核实验数据的记录、录入和计算。

试验过程中，及时记录各项原始记录，书写工整、真实、准确，不得随意涂改、乱画，当发生笔误时，要杠改并盖章或签字予以确认。试验数据必须由分析者本人填写，由在岗其他分析人员复核，复核人员对计算公式及计算结果准确性负责。

（4）实验结果归档备查。

所有检测原始记录和检测报告应放入档案，在规定的期限内予以保存备用。保存过程中要防止霉变、潮湿、丢失，注意防火与通风。

从试验前的质量控制、试验中的质量控制、试验后的质量控制三个方面，在试验整个过程中进行质量控制，把检测误差控制在一定的允许范围内，获得准确可靠的检测结果，从而保证实验室检测质量。

## 2.4 储运控制

储运条件的控制会影响产品的质量，主要包括储运时间、通风条件、温湿度控制、合理码放等几个方面。

### 2.4.1 储存控制

肥料生产包装完成后，需注意搬运和储存的操作和环境。装卸工具不应有尖锐凸起，避免装卸过程中因刮划而发生遗撒；产成品不能露天存放，短期存储可以放置在棚库中，长期储存应在干燥通风的封闭仓库中，产成品应按检验状态分区码放或在明显部位标注状态标识，防止混淆；产成品存放时，应定期检查，并注意以下问题。

（1）防潮。化肥吸湿而引起的潮解、结块和养分损失，是贮藏中普遍存在的问题，如碳铵受潮后分解挥发，氮素跑掉，硝酸铵、硝酸磷肥、硝酸钾、硝酸钙、尿素等，以及用这些为原料的复合肥料，都极易吸潮、结块，很难施用并损失大量养分。存放措施：一是要保持肥料袋完好密封；二是要求库房通风好，不漏水，地面干燥，最好铺上一层防潮的油毯和垫上木板条。

（2）防毒。化肥由各种酸、碱、盐组成，有的本身有毒，如石灰氮；有的在贮存中易挥发游离酸，使库房空气呈酸性，如普钙；有的潮解后挥发出的氮气，在空间形成碱性物，如碳铵、氮化铵，硫酸铵以及含铵态氮的复合肥料。存放措施：查看时戴好口罩和手套，库房要通风，相对湿度要低于70%，当库房内温度和湿度都高于库外时，可以在晴天的早晚打开库房的门窗进行自然通风调节。

（3）防火防爆。硝酸铵、硝酸钾等是制造火药的原料，在日光下暴晒、撞击或高温影响下会发热、自然爆炸，这类化肥贮藏时不要与易燃物品接触，化肥堆放时不要堆得过高，码垛时以不超过1.5m为宜，库房要严禁烟火，并设置消防设备，以保安全。

（4）防养分挥发。对于稳定性较差的化肥，如碳酸氢铵必须包装严实，保持干燥，防止阳光直射。使用时应随开随用，用完一袋再拆一袋，用剩的肥料要扎紧袋口。对氯化铵、硫酸铵、硝酸铵、碳酸氢铵等铵态氮肥，要注意不与碱性肥料同库混存，以减少氮素损失。

### 2.4.2 运输控制

装卸过程中注意操作，防止包装破损。运输工具不应有尖锐凸起，避免运输过程中因刮划而发生遗撒；运输途中注意防止暴晒、雨淋；及时运送，尽量缩短运输时间，以保证复合肥料产品质量。

肥料的质量不仅影响着农民的利益，而且不同的施用种类和施用方式也直接影响着土壤生态环境和农产品质量。对复合肥料生产关键环节进行质量控制，是保证复合肥料产品质量的重要手段，也是保障耕地质量和农产品质量安全的重要手段。

# 3 行业现状及展望

## 3.1 复合肥料产品特点

复合肥料具有养分含量高、施用简便、使作物增产迅速的特点，生产量和使用量一直较大，在农业生产中一直占有重要地位。

### 3.1.1 复合肥料优点

（1）营养元素种类多。复合肥养分总量一般比较高，营养元素种类较多，一次施用复合肥，至少可以同时供应两种以上的主要营养元素。

（2）结构均匀。养分分布比较均一，释放均匀，肥效稳而长。由于副成分少，对土壤的不利影响小。

（3）物理性状好。复合肥一般多制成颗粒，与粉状或结晶状的单元肥料相比，颗粒状复合肥结构紧密，吸湿性小，不易结块，便于施用，特别便于机械化施肥。

（4）适用范围广。复合肥既可以做基肥和追肥，又可以用于种肥，适用的范围比较广。

（5）贮运和包装方便。由于复合肥有效成分含量比一般单元肥料高，含同等养分含量的肥料体积小，所以能节省包装及贮存运输费用。

### 3.1.2 复合肥料缺点

（1）养分的比例固定，一种肥料难以满足各类土壤和各种作物的需要。

（2）各种养分在土壤中运动速率各不相同，被保持和流失的程度不同，难以满足作物某一时期对某一养分的特殊要求，不能发挥各养分的最佳施用效果。

### 3.1.3 复合肥料施用方法

（1）肥效长，宜做基肥。复合肥中含有氮、磷、钾等多种养分，作物前期尤其对磷、钾极为敏感，要求磷、钾肥要作基肥早施。复合肥不宜用于苗期肥和中后期肥，以防贪青徒长。

（2）复合肥分解较慢，对播种时用复合肥做底肥的作物，应根据不同作物的需肥规律在追肥时及时补充速效氮肥，以满足作物营养需要。

（3）浓度差异较大，应注意选择合适的浓度。多数复合肥料是按照某一区域土壤类型平均养分量和大宗农作物需肥比例配制而成。市场上有高、中、低浓度系列复合肥料，一般低浓度总养分在25%~30%，中浓度在30%~40%，高浓度在40%以上。要因地域、土壤、作物不同，选择使用经济、高效的复合肥料。一般高浓度复合肥料用在经济作物上，品质优、残渣少、利用率高。

（4）浓度较高，要避免种子与肥料直接接触，会影响出苗甚至烧苗、烂根。播种时，种子要与穴施、条施复合肥相距5~10cm，切忌直接与种子同穴施，造成肥害。

（5）配比原料不同，应注意养分成分的使用范围。不同品牌、不同浓度复合肥所使用原料不同，生产上要根据土壤类型和作物种类选择使用。含硝酸根的复合肥，不要在叶菜类和水田里使用，含铵离子的复合肥，不宜在盐碱地上施用；含氯化钾或氯离子的复合肥不要在忌氯作物或盐碱地上使用；含硫酸钾的复合肥，不宜在水田和酸性土壤中施用。否则，将降低肥效，甚至毒害作物。

（6）含有两种或两种以上大量元素，氨表施易挥发损失或雨水流失，磷、钾易被土壤固定，特别是磷在土壤中移动性小，施于地表不易被作物根系吸收利用，也不利于根系深扎，遇干旱情况肥料无法溶解，肥效更差。所以施用应尽可能避免地表撒施，应深施覆土。

（7）应该注意植物的生长期、种类，并施用含有植物所需元素的复合肥，利于植物生长。若复合肥料施用过量，会造成植物体内某种元素富集，影响植物生长，还可能使土壤下液体浓度过高，造成烧苗现象。

## 3.2 复合肥料生产技术现状

### 3.2.1 复合肥料发展情况

#### 3.2.1.1 发展历程

1840 年，德国科学家李比希在总结前人研究成果的基础上，批判了腐质营养学说，提出了矿质营养学说。李比希矿质营养学说的创立为化肥工业的兴起奠定了理论基础，也为解决世界粮食问题和提高人们的生活水平做出了巨大贡献。1843 年，第一种化学肥料——过磷酸钙在英国诞生。1861 年，德国首次开采钾盐矿。1907 年，意大利生产了石灰氮。20 世纪 50 年代，美国开始兴起掺混肥料，截至 1985 年销售 2 200万 t，占美国总施肥量的 45%，占复混肥料的 60% 以上。据联合国粮农组织（FAO）统计，1982 年全球化肥消费量达 1. 15 亿 t，其中复混肥占 50%以上，发达国家消费的复混肥比例平均达 70%，发展中国家复混肥比例仅占 26. 5%。目前，全世界化肥消费总量中 15%左右的氮肥和 60%以上的磷钾肥被加工成不同类型的复合肥，特别是发达国家复合肥使用比例更高，25%～50%的氮肥和 70%～90%的磷钾肥均以复混肥料方式提供给农民。

我国从 20 世纪 50 年代末期开始施用复混肥料，此后，经历了一个很长的认识和实践过程，进入 80 年代，氮、磷、钾平衡施肥才被农民认识。虽然我国复合肥发展历史较短，但与国外肥料工业发展规律相似，同样经历了从低浓度到高浓度、从单一养分到多元养分的阶段。我国从 20 世纪 60 年代开始复混肥生产工艺和剂型的研究，1968 年在南京化学工业公司建成第一套 3 000 t/a 氮磷钾复合肥装置，由于生产基础原料难以保证，发展缓慢；20 世纪 80 年代，随着农业发展和肥料用量增加，复合肥工业得到快速发展。经过多年的努力，一批高浓度磷复肥装置已经相继建成，高浓度磷复肥的比重已从 1988 年的 2%提高到了目前的 15%~20%，我国先后引进了一批国外有代表性的先进技术和装备，磷铵和 NPK 复肥生产引进了罗马尼亚的喷浆造粒、美国 Davy/TVA、美国 Jacobs、西班牙 Espindesa 及 Incro、法国 AZF 和挪威 Norsk hydro 等生产技术和装备，这些引进技术和装备为我国磷复肥工业的起步和发展起到了重要的推动和促进作用。我国一些科研院所、高等学校和企业对引进先进的生产技术、生产装备和生产管理进行了消化吸收并结合我国具体情况进行了创新，在磷铵和 NPK 复合肥生产技术方面，对引进工艺进行了改进，从而使装置生产能力大大提高，大大超过了设计能力，取得了了不起的成绩；又如磷铵生产装置，我国工程技术人员通过对同类的引进装置的消化吸收和改进，整个工程建设采用了消化吸收的技术和国产装备，装置基本实现了国产化，装置运行良好，达到了设计指标；再如针对我国国情，工程技术人员对引进的大型重钙装置进行了改造，使重钙装置能适应 NPK 复合肥的生产，这样既为企业生产了适应市场的产品，增加了经济效益，又使大型重钙装置的技术和花费的大量投资发挥了作用，所有的均来自对引进技术和装备的消化吸收及技术改造和创新。

#### 3.2.1.2 产能产量

据统计，1980 年我国复合肥产量（纯养分）只有 120 万 t，到 1998 年提高到 600 万 t；截至 2019 年底，我国规模以上复合肥料企业 800 多家，有生产许可证的企业 3 000 余家，总产能约 2 亿 t/a，2011—2019 年我国复合肥料实物产量在 5 500万~6 500万 t 波动（约占全国当年直接施肥量的 60%），2015 年达最高峰约 6500 万 t，2019 年降至 5700 万 t 左右。从产能规模来看，我国复合肥年产能超过 300 万 t 的只有金正大、史丹利、新洋丰、四川新都、湖北鄂中 5 家，其余大多数企业规模小于 100 万 t/a。金正大、史丹利等一线大厂产能利用率可达到 70%以上，小企业开工率可能不足 30%，经营困难。

#### 3.2.1.3 分布结构

我国复合肥料生产主要集中在山东、湖北、江苏、贵州、四川、安徽等磷资源丰富或邻近消费市场的省份；消费主要集中在河南、山东、湖北、江苏和广西等农业大省（自治区）以及东北地区。2019年中国磷复肥工业协会统计89家大中型复合肥料企业，其复合肥产量合计3 376.7万t，约占全国复合肥产量的60%，其中山东省复合肥产量占全国复合肥总产量的27.1%，湖北省和江苏省分别占25.0%和14.1%。

20世纪80年代，我国复合肥料以产销硫酸铵-过磷酸钙、尿素-过磷酸钙、氯化铵-过磷酸钙等低浓度NPK复合肥料产品为主；20世纪90年代，以产销15-15-15等规格的高浓度NPK复合肥料产品为主；2000年前后，16-16-16、17-17-17、18-18-18等规格的N、P、K复合肥料产品，以及$w$（N）、$w$（$P_2O_5$）、$w$（$K_2O$）可在4%~30%范围内调整的系列产品已发展到上千种之多；近10多年，有机-无机复合肥料、水溶性肥料、缓控释肥料等各种新型肥料快速发展。

#### 3.2.1.4 进口状况

2015—2019年我国复合肥料进口量占肥料进口总量的12.5%~15.4%。随着国内落后产能退出市场，多项优惠政策取消，复合肥料生产成本提高，产能增速放缓，但种植者对高端水溶性复合肥料的需求不断增长，2016年后复合肥料进口量逐年上升。2018年复合肥料进口量大幅度增加，较2017年增加27万t，增长22.7%，促进了化肥进口总量小幅度提高。随着国内新型复合肥料的发展，2019年复合肥料进口量小幅度降低，与2018年基本持平，预测近年复合肥料进口量仍有增长空间。

### 3.2.2 存在的主要问题

我国是农业大国，这些年随着我国化工行业的发展，化肥的产量、质量、品类都有较大提升，化肥行业发展迅速，但也存在很多问题，现在行业发展存在的主要问题如下。

#### 3.2.2.1 生产方面

（1）产能过剩矛盾突出，一方面新增的产能持续增加，但落后产能没退出。

2016年我国化肥产量达到7 004.92万t，施用量约6 034万t，是全球最大的化肥生产国和消费国。产量供过于求，行业集中度高，尿素产量严重过剩，尿素产能利用率只有 78%，磷肥产能利用率为 69%。

（2）产品结构与营销服务还不能适应现代农业发展的要求。

目前传统基础肥料品种齐全，但是适应现代农业发展要求的高效专用肥料发展滞后，还不能满足平衡施肥、测土配方施肥、机械化施肥及水肥一体化施肥等要求。企业在营销理念和营销模式上还缺乏创新，没有建立起与农业生产主体变化相适应的专业化服务体系。

（3）技术创新能力不强。

企业创新的意识还不够，研发投入较低，即使一些技术比较先进的企业，研发投入也不足，这跟国外的先进水平差距很大。我国引进的大、中型料浆法磷肥、复合肥等生产技术和装备，在我国工程技术人员的不断消化吸收和努力下，已在我国有关工厂转化为生产力，有些装置已经达到和超过设计能力，在我国的化肥生产中发挥着重要的带头作用。但是，目前这些装置的全部生产能力尚不能充分发挥，原因很多，主要是存在着与装置配套的磷酸或氨的供应问题或供矿质量没有保证，同时还存在着生产管理经验不足，资金周转困难等问题，由于这些问题的存在，造成了有些装置开工率低下。

#### 3.2.2.2 市场方面

（1）需求低迷。

从需求来看，复肥消费量受农作物总量减少影响，呈下降趋势，为保护土地，国家在逐步推行耕地修复，以及实行休耕轮作，鼓励施用有机肥取代化肥。同时推广应用各种功能性新型肥料和有机肥，开展测土配方施肥，努力提高化肥利用率，这些措施都导致化肥施用量减少，据统计，2016 年，全国农用化肥使用量 5 984 万 t（折纯），比 2015 年减少 41.5 万 t，这是自 1974 年以来首次出现负增长。2017 年，国内化肥消费量进一步下降至 5 859.4 万 t；2018 年，国内化肥消费量在 5 100 万 t左右，表观消费总量降幅为 4.9%，农业种植结构与农业补贴政策的调整，也直接影响着化肥使用量，2018 年，我国耕地轮作休耕试点面积比上年翻一番，扩大到了 2 400 万亩，三大主粮中玉米播种面积下降 0.6%，小麦播种面积下降 1%，稻谷播种面积下降 1.8%。三大主粮播种面积减少，也在很大程度上降低了化肥需求。

（2）出口受限。

从国际市场来看，自 2016 年以来，国外化肥新增产能进入释放期，其中以天然气为原料的化肥与国内以煤为原料的化肥相比，价格优势不断扩大，致使我国化肥出口困难，以尿素为例，2014 年和 2015 年我国连续两年出口量都超过 1 300 万 t，出口规模占全球尿素贸易总量的 30%左右。2016 年我国尿素出口 887.07 万 t，同比下降 35.6%；2017 年出口 465.6 万 t，同比下降 47.5%；2018 年出口 244.7 万 t，同比下降 47.5%，国内产能对尿素出口的依赖度也从 2015 年的 20%多，降至 2018 年的 5%左右，预计今后尿素出口量仍将下降，2018 年我国出现以整船方式进口尿素的情况，这是 12 年来的第一次，如果国内外尿素价差进一步扩大，进口有利可图，国内仍会进口大量尿素，给国内市场带来压力。

#### 3.2.2.3 环保方面

除了下游需求下降和出口形势严峻外，化肥行业还将面临安全环保政策趋严的挑战，当前安全和环保工作压力持续加码，由于压缩产能、危化品搬迁、环保要求升级等多重因素交互作用，化肥行业生产的被动局面仍未得到根本改善。

复合肥料生产中节能环保和资源综合利用的水平不高，料浆法磷肥复合肥由于涉及磷酸的加工过程，因此不可避免地存在着磷石膏、含氟废水和含氟废气、酸泥等污染问题，在工厂布局全国分散的情况下，这个问题显得更加突出。世界上西方一些发达国家由于环保问题，有些工厂已经被迫关闭。2022 年在我国环保法规进一步严格的情况下，工厂要花大量的资金解决上述环保问题是目前面临的主要问题。

#### 3.2.2.4 资源方面

原料资源对外依存度大。化肥价格的底板是能源和磷矿价格，如果煤炭、天然气、硫黄、磷矿等价格不降低，那么即使肥企开工率再低，化肥价格也很难降下来，现在是天花板低、底板高，化肥市场可操作空间非常狭窄。加上国际贸易保护主义抬头，全球经济格局重组步伐加快，以及全球经济环境的不确定性、不稳定性，这都给国内化肥市场运行带来隐忧，化肥价格的天花板是粮价，粮食价格不升高，化肥价格也难有上行空间。

## 3.3 发展前景展望

### 3.3.1 产业发展政策驱动分析

国家将复合肥料生产经营列入《产业结构调整指导目录（2005年）》中鼓励类产业，2007年中共中央、国务院在中央一号文件中指出要加快发展适合不同土壤、不同作物特点的专用肥和缓控释肥；国家同时在《国家中长期科学和技术发展规划纲要（2006—2020）》中要求要重点研发专用复合（混）型缓释、控释肥料及施用技术和相关设备。

2010年国务院在《石化产业调整和振兴规划（2010）》文件中指示重点发展高效复合肥、缓（控）释肥等高端产品，争取到2015年，施肥复合率达到40%以上；2011年国家发展和改革委员会在《产业结构调整指导目录（2011年）》中鼓励各种专用肥和缓（控）释肥的生产；工业和信息化部（简称工信部）推出的《化肥工业产业政策》中强调要加速推进化肥产品结构调整，重点发展高浓度基础肥料和高效复合肥；中国石油和化学工业联合会在《化肥工业“十二五”发展规划》中鼓励发展按配方施肥要求的复混肥和专用肥；农业农村部在《到2020年化肥使用量零增长行动方案》中提出到2020年实现“一控两减三基本”的目标；工信部在《推进化肥行业转型发展的指导意见》中要求企业采取多项举措促进行业升级，提高产能利用率，大力发展新型肥料，提升环保效益。各级部门和企业落实国家行业政策，通过示范效应带动缓（控）释肥的推广，为推动农业发展方式转换、化肥产业结构调整、转移农村劳动力做出贡献。

工信部也正在制订和发布化肥行业转型升级的指导意见，重点措施如下。一是着力化解过剩产能，今后原则上都不再新建新增产能，要及时公布符合准入条件的企业名单，引导企业实行兼并重组，淘汰落后。二是大力调整产品结构，开发高效、环保的新型肥料，如硝基复合肥、硝酸铵、水溶肥、液体肥等。三是加快提升科技创新能力，要集中力量突破一批制约行业转型升级的关键技术和装备，技术改造将作为支持重点。化肥和农药，这是部里及全社会关心的问题，今年工信部做了专项，尽快淘汰高残留的农药，从根本上保证广大人民群众的身体健康。四是着力推进绿色发展，做好资源综合利用，做好磷矿资源的回收利用。五是推进两化融合，推进专业化服务体系建设，提高服务科技含量，要构建测土配方施肥、套餐肥配送、农技知识培训、示范推广以及信息服务等为一体的网络体系建设。六是“一带一路”倡议，推动更多有实力的企业“走出去”，利用国外资源，把装备、技术“走出去”，构建互利多赢的全方位的对外开放新格局。工信部将加大政策的扶持力度，除了技术改造，还有转型升级的专项资金等，为农业现代化和化肥行业的转型升级，实现可持续发展做出更大的贡献。

## 3.3.2 复合肥料发展前景

### 3.3.2.1 肥料复合化率和集中度将持续提高

2000年以来，我国复合肥以更快速度发展，统计表明，化肥的复合化率逐年升高。截至2019年，中国化肥施用量的复合化率约42%，相比全球平均复合化率50%、发达国家80%的水平，差距仍然巨大，我国的复合化率还有较大的提升空间。过去20年复合肥行业的CAGR（复合年均增长率）为7%~8%，远高于单质肥的行业增速。由于我国人口持续增长和对农作物需求不断提高的刚性条件等影响，化肥需求量总体趋于平稳状态下将会小幅增长。上述因素均对肥料复合化率和集中度持续提高奠定了基础。

### 3.3.2.2 技术创新有待加强

国内复合肥行业在快速发展的同时也出现了一些比较棘手和突出的结构性矛盾，如产能过剩，急需淘汰生产设备和技术落后的作坊式企业；受限于行业自身特点如国家政策和环保要求，产业调整途径有限，导致产业调整步伐缓慢；国内农资市场特别是复合肥产品同质化现象日益严重，“减肥增效和农业科技创新”观念深入人心，土地流转形成规模化经营及水肥一体化对复合肥质量和农化技术服务提出了更高要求，使复合肥产业的发展走到了必须转型升级的十字路口。

我国对高品质复合肥料的需求增长较快，进口复合肥料生产技术先进、产品质量稳定，仍拥有较大市场。目前，随着环保政策不断施压、农业种植结构的优化，对特种肥料和有机肥产业形成利好条件，依靠进口高端复合肥料和特种肥料开拓新渠道、打造差异化产品是国内肥料企业发展的战略重点。

我国化肥企业面临着创新不足的问题，尤其是高效复合肥的研制与应用落后，已经不能适应我国农业产业结构调整的要求。复合肥企业应以“技术先导”战略为指引，以超常规投入推进企业创新，加强基础性、前沿性科技研究，抢占创新制高点，加大研发投入，做实新产品和新技术开发，掌握各类新型肥料生产技术、肥料增效技术、土壤改良修复技术及磷石膏综合利用技术，开发控释肥、水溶肥、液体肥、生物肥、松土剂等作物生长所需的全系产品，开发完整产品线和具有特色的专用产品，提高科技含量和产品附加值。同时，全力开展高效施肥技术推广应用，以市场需求导向为准，建立产品经理-作物经理制度，为农户提供全生育期的技术跟踪服务指导，根据不同作物在不同地区和气候条件下的养分需求特征，结合不同主产区土壤理化性状，全力开发、全面推广各类作物营养管理方案，为农业节本增效、优质安全、绿色发展和农民增收致富贡献力量。为增强复合肥生产企业创新能力，提高核心竞争力，促进复合肥产学研合作，加快成果转化与新型环保高效肥料研发，以院校提供智力支持、科研机构提供技术支持为主及企业提供资金支持为主建立产学研运转平台，共同研究开发新技术、新产品，保障企业产学研活动持续有效地开展下去，攻克制约高效复合肥产业化设备的重大关键技术瓶颈，为促进复合肥行业转型升级，不断引领行业发展方向，促进农业可持续发展提供有力的科技支撑。

#### 3.3.2.3 行业发展趋势

问题意味机遇，在农业供给侧结构性改革的推动下，一批行业人士意识到这些问题，开始助推化肥产业的结构性改革。

（1）产业整合、加大研发、转型升级。

截至2016年，我国化肥生产企业达3 000多家，涉肥企业达上万家。有规模较大的上市企业，也有众多中小型化肥生产企业，整个行业参与者众多、竞争激烈。

随着国家对粮食生产提出新的要求、化肥行业优惠政策支持力度的减弱、环保政策的陆续出台，生产成本高、技术落后、污染严重的企业会被淘汰，企业向规模化发展会是必然，重组兼并定会出现。另外，随着国人对蔬菜水果需求的增长以及食品安全的重视，新型安全适用于蔬菜、水果生产的肥料需求逐年增加，对传统化肥企业提出转型升级的要求，缓控释肥、水溶肥、叶面肥、微生物复合肥、有机复合肥、腐殖酸肥料、复合肥料等占比会逐年提升。目前，从事新型肥料生产的企业已超过2 000多家。

目前来看，加大技术创新力度，提升农化服务水平，是化肥龙头企业绝地突围不得不做好的两件基础事情。参考国外化肥市场发展规律，目前我国化肥行业处在从粗放式到精耕细作式发展的转型时期，加大科研资金的投入、提高科技创新力度、完善产业链服务成为具备市场竞争力的基本条件。大部分企业目前将转型放在相对容易的营销、联合协作、增加出口等方面，通过强强联合的方式使企业降低成本、增强研发、提高国际竞争力。

（2）互联网+、拓展渠道、拥抱变革。

在传统的农资销售里，渠道商、经销商起着承上启下的连接作用，渠道商从厂家进货，通过线下经销网络把农资产品卖给用户，主要赚产品的差价。随着我国互联网技术的发展和移动互联网的普及，给各行各业的发展带来深刻的变革。

互联网能够提供高效、快捷的信息获取渠道，降低信息不对称带来的成本和风险。化肥产业也意识到互联网会成为未来这个行业不可缺少的角色之一，因此积极通过引入互联网这个工具提升整个化肥产业的信息传播效率、销售效率，最常见的做法就是通过自建电商或者加入其他电商平台，化肥商品名称、生产厂家、质量、价格等信息都将在网上透明显示，让农户清清楚楚、明明白白交易，解决化肥传统销售模式造成的层层加价、价格虚高等痛点。目前来看，除了传统的互联网电商企业开始开设农资销售频道，绝大多数排名靠前的化肥企业都已经开发自己的电商平台，有的不仅销售自产化肥，也销售其他厂家生产的化肥。一些农资电商业务开展时并没有直接从农资销售切入，而是通过农业服务切入。通过农业服务获取客户，通过农技问答等方式增加用户黏性，拓展如农资销售、农机销售、农业金融、农业保险等业务。

但目前来说农资电商仍处在烧钱阶段，至少面临以下几个问题：农民传统赊销习惯严重不符合电商模式；农民网购习惯的养成需要时间和金钱成本；电商去中间化销售与已有多年的传统销售渠道存在利益冲突；农村物流配送体系落后，无法满足农资电商化物流配送最后一公里的要求；传统渠道农资产品的销售往往带有技术服务属性，电商模式服务与售后问题很难保障。这些问题不解决，尤其是资金和“最后一公里”物流问题，所谓的农资电商与传统的销售模式并没有太大的区别，反而因为加入电商这个元素，农民不熟悉不熟练，增加了不必要的成本。因此面对这些改革进程中的困难，如何循序渐进，采取符合当下具有操作性的方案，不少企业在积极探索。

（3）测土配方、精准施肥、提升服务。

虽然化肥零增长政策给全行业未来的发展设置了“天花板”，但中国拥有 19 亿亩耕地，是农业大国，农业生产离不开化肥，市场需求总量依旧很大。

传统凭借经验式的施肥方式已经无法满足农业提质增效的要求，科学施肥如测土配方施肥可能会成为未来主要的施肥方式。同时近年来土地流转加速，规模化、技术型专业种植者的产生，对化肥品牌的选择逐渐向规模型、资源型、创新型、服务型企业集中，能够强化产品和服务的企业，将在未来的竞争中具有明显优势，传统的单一的化肥生产企业已经不能满足市场多元化的服务需求。很多企业认识到这点，通过帮助种植户实施测土配方施肥、土壤有机质提升等综合服务项目，大力推广深耕深松、化肥深施、秸秆还田、水肥一体化等科学施肥技术，不仅推动了自身化肥的销售，也帮助农户提高了肥料利用率，节约了施肥成本。

（4）政府指导、市场主导。

政策是一个行业发展的基本前提，也是行业趋势的基本反馈，把握好政策和发展趋势，对企业降低风险、增加利润、提高市场竞争力具有重要的意义。在我国“农业供给侧结构性改革”的大背景下，“一控两减三基本”和粮食提质增效的要求下，国内化肥生产方面的优惠政策近年来不断减少，而相应在流通方面、出口方面有较大优惠，如根据2017年关税调整新方案，取消氮肥、磷肥等肥料的出口关税，并适当下调三元复合肥出口关税。因此企业要学会利用利好政策，提高肥料出口和国际市场竞争力。

综上所述，目前化肥产业处在变革的关键时期，外部粮食增长红利的消失、环保意识的增强、消费升级、政策改变，内部厂家低价竞争、研发力度不足、传统销售渠道滞后、生产方式转变等都是化肥整个产业不得不面对的现实问题。企业加大研发力度、强强联合、建立高效销售渠道，从单一的产品销售转向作物全程营养解决方案，加强农化服务，及时有效地帮助农户解决生产过程中的实际问题，会是化肥企业未来实现“农业供给侧结构性改革”背景下逆势增长的重要保障。

# 4 相关标准

ICS 65.080
G 21

GB

中华人民共和国国家标准

GB/T 15063—2020
代替 GB/T 15063—2009

## 复合肥料

Compound fertilizer

2020-11-19 发布　　2021-06-01 实施

国家市场监督管理总局
国家标准化管理委员会　发布

# 前　言

本标准按照 GB/T 1.1—2009 给出的规则起草。

本标准代替 GB/T 15063—2009《复混肥料（复合肥料）》，与 GB/T 15063—2009 相比，除编辑性改动外，主要技术变化如下：

——将标准名称及本标准中提及的“复混肥料（复合肥料）”之处修改为“复合肥料”；

——增加了硝态氮、中量元素、微量元素指标及测定方法（见表 1、6.4、6.8、6.9）提高了低浓度产品的粒度要求（见表 1，2009 年版的表 1）；

——增加了有毒有害物质的限量要求（见 4.3）；

——修改要素“采样方案”为“取样”（见第 5 章，2009 年版的 6.3 和 6.4）；

——增加了杜马斯燃烧法测定总氮（见 6.3.1.3），增加了有效磷的测定方法（见 6.3.2.1），增加了等离子体发射光谱法测定钾含量（见 6.3.3.3），增加了自动电位滴定法测定氯离子（见 6.7.2）；

——修改了出厂检验和型式检验项目要求（见 7.1，2009 年版的 6.1），修改了检验的最大批量（见 7.2，2009 年版的 6.2），修改了结果判定条文（见 7.3，2009 年版的 6.5.1~6.5.3）；

——修改要素“标识”为“标识和质量证明书”（见第 8 章，2009 年版的第 7 章和 6.5.4）。

本标准由中国石油和化学工业联合会提出。

本标准由全国肥料和土壤调理剂标准化技术委员会磷复肥分技术委员会（SAC/TC 105/SC 3）归口。

本标准起草单位：上海化工研究院有限公司、中国—阿拉伯化肥有限公司、金正大生态工程集团股份有限公司、史丹利农业集团股份有限公司、中海石油化学股份有限公司、安徽省司尔特肥业股份有限公司、江苏华昌化工股份有限公司、深圳市芭田生态工程股份有限公司、四川金象赛瑞化工股份有限公司、天脊煤化工集团股份有限公司、湖北鄂中生态工程股份有限公司、辽宁津大肥业有限公司、河南心连心化学工业集团股份有限公司、江西开门子肥业股份有限公司、安徽六国化工股份有限公司。

本标准主要起草人：刘刚、王连军、郑树林、杨一、沈兵、胡波、李霞、何文华、华建青、畅学华、杨超军、杨帆、张庆金、孙荣祥、马健、杨振军、杨成龙、卢栋冬、朱志华。

本标准所代替标准的历次版本发布情况为：

——GB 15063—1994、GB 15063—2001、GB/T 15063—2009。

# 复合肥料

## 1 范围

本标准规定了复合肥料的术语和定义、技术要求、取样、试验方法、检验规则、标识和质量证明书、包装、运输和贮存。

本标准适用于复合肥料（包括冠以各种名称的以氮、磷、钾为基础养分的三元或二元固体肥料）。本标准不适用于磷酸一铵、磷酸二铵等复合肥料产品。

## 2 规范性引用文件

下列文件对于本文件的应用是必不可少的。凡是注日期的引用文件，仅注日期的版本适用于本文件。凡是不注日期的引用文件，其最新版本（包括所有的修改单）适用于本文件。

GB/T 3597 肥料中硝态氮含量的测定 氮试剂重量法

GB/T 6274 肥料和土壤调理剂 术语

GB/T 6679 固体化工产品采样通则

GB/T 8170 数值修约规则与极限数值的表示和判定

GB/T 8569 固体化学肥料包装

GB/T 8571 复混肥料 实验室样品制备

GB/T 8572—2010 复混肥料中总氮含量的测定 蒸馏后滴定法

GB/T 8573 复混肥料中有效磷含量的测定

GB/T 8574 复混肥料中钾含量的测定 四苯硼酸钾重量法

GB/T 8576 复混肥料中游离水含量的测定 真空烘箱法

GB/T 8577 复混肥料中游离水含量的测定 卡尔·费休法

GB/T 14540 复混肥料中铜、铁、锰、锌、硼、钼含量的测定

GB 18382 肥料标识 内容和要求

GB/T 19203—2003 复混肥料中钙、镁、硫含量的测定

GB/T 22923 肥料中氮、磷、钾的自动分析仪测定法

GB/T 24890 复混肥料中氯离子含量的测定

GB/T 24891　复混肥料粒度的测定

GB/T 34764　肥料中铜、铁、锰、锌、硼、钼含量的测定 等离子体发射光谱法

GB 38400　肥料中有毒有害物质的限量要求

HG/T 2843　化肥产品　化学分析中常用标准滴定溶液、标准溶液、试剂溶液和指示剂溶液

NY/T 1116—2014　肥料　硝态氮、铵态氮、酰铵态氮含量的测定

NY/T 1977—2010　水溶肥料 总氮、磷、钾含量的测定

NY/T 2540-2014　肥料　钾含量的测定

## 3　术语和定语

GB/T 6274 界定的以及下列术语和定义适用于本文件。

### 3.1　复合肥料 compound fertilizer

氮、磷、钾三种养分中，至少有两种养分表明量的由化学方法和（或）物理方法制成的肥料。

**注：**改写 GB/T　6274—2016，定义 2.2.7.2。

### 3.2　合并样品 aggregate sample

由检验批的各份样合并成的样品。

**注：**为进行统计分析，可将合并的份样等份划分，制成若干供单独缩分和分析用的样品。

（GB/T 6274—2016，定义 2.6.4）

## 4　技术要求

### 4.1　外观

粒状、条状或片状产品，无机械杂质。

### 4.2　技术指标

产品应符合表 1 的技术指标，同时应符合包装容器上的标明值。

**表 1　复合肥料的技术指标**

| 项目 | | 指标 | | |
|---|---|---|---|---|
| | | 高浓度 | 中浓度 | 低浓度 |
| 总养分[a]（$N+P_2O_5+K_2O$）/% | ≥ | 40.0 | 30.0 | 25.0 |
| 水溶性磷占有效磷百分率[b]/% | ≥ | 60 | 50 | 40 |

（续表）

<table>
<tr><td colspan="2" rowspan="2">项目</td><td colspan="3">指标</td></tr>
<tr><td>高浓度</td><td>中浓度</td><td>低浓度</td></tr>
<tr><td colspan="2">硝态氮[c]/% ≥</td><td colspan="3">1，5</td></tr>
<tr><td colspan="2">水分[d]（$H_2O$）/% ≤</td><td>2.0</td><td>2.5</td><td>5.0</td></tr>
<tr><td colspan="2">粒度[e]（1.00~4.75mm 或 3.35~5.60mm）/%</td><td colspan="3">90</td></tr>
<tr><td rowspan="3">氯离子[f]/%</td><td>未标“含氯”的产品 ≤</td><td colspan="3">3.0</td></tr>
<tr><td>标识“含氯（低氯）”的产品 ≤</td><td colspan="3">15.0</td></tr>
<tr><td>标识“含氯（中氯）”的产品 ≤</td><td colspan="3">30.0</td></tr>
<tr><td rowspan="3">单一重量元素[g]（以单质计）/%</td><td>有效钙 ≥</td><td colspan="3">1.0</td></tr>
<tr><td>有效镁 ≥</td><td colspan="3">1.0</td></tr>
<tr><td>总硫 ≥</td><td colspan="3">2.0</td></tr>
<tr><td colspan="2">单一微量元素[h]（以单质计）/% ≥</td><td colspan="3">0.02</td></tr>
</table>

[a] 组成产品的单一养分含量不应小于4.0%，且单一养分测定值与标明值负偏差的绝对值不应大于1.5%。
[b] 以钙镁磷肥等枸溶性磷肥为基础磷肥并在包装容器上注明为“枸溶性磷”时，“水溶性磷占有效磷百分率”项目不做检验和判定。
[c] 包装容器上标明“含硝态氮”时检测本项目。
[d] 水分以生产企业出厂检验数据为准。
[e] 特殊形状或更大颗粒（粉状除外）产品的粒度可由供需双方协议确定。
[f] 氯离子的质量分数大于30.0%的产品，应在包装容器上标明“含氯（高氯）”；标识“含氯（高氯）”的产品氯离子的质量分数可不做检验和判定。
[g] 包装容器上标明含钙、镁、硫时检测本项目。
[h] 包装容器上标明含铜、铁、锰、锌、硼、钼时检测本项目，钼元素的质量分数不高于0.5%。

### 4.3 有毒有害物质的限量要求

包装容器或使用说明中标明适用于种肥同播的产品缩二脲含量应≤0.8%，其他有毒有害物质的限量要求执行 GB 38400。

## 5 取样

### 5.1 合并样品的采取

#### 5.1.1 袋装产品

**5.1.1.1** 每批产品总袋数不超过512袋时，按表2确定取样袋数；每批产品总袋数大于512袋时，按式（1）计算结果确定最少取样袋数，如遇小数，则进为整数。

$$n = 3 \times \sqrt[3]{N} \tag{1}$$

式中　$n$——最少取样袋数；

$N$——每批产品总袋数。

表 2　最少取样袋数的确定

| 每批产品总袋数 | 最少取样袋数 | 每批产品总袋数 | 最少取样袋数 |
|---|---|---|---|
| 1~10 | 全部 | 182~216 | 18 |
| 11~49 | 11 | 217~254 | 19 |
| 50~64 | 12 | 255~296 | 20 |
| 65~81 | 13 | 297~343 | 21 |
| 82~101 | 14 | 344~394 | 22 |
| 102~125 | 15 | 395~450 | 23 |
| 126~151 | 16 | 451~512 | 24 |
| 152~181 | 17 | | |

**5.1.1.2**　包装规格不大于 50kg 时，按表 2 或式（1）计算结果随机抽取一定袋数，用取样器沿每袋最长对角线插入至袋的 3/4 处，每袋取出不少于 100g 样品，每批采取总样品量不少于 2kg。包装规格大于 50kg 时，按表 2 或式（1）计算结果，随机抽取一定袋数，用取样器分别从包装袋上开口中心位置垂直向下、向左、向右三个方向插入至袋的 3/4 处取样，每袋取出不少于 300g 样品，每批产品采取的合并样品量不少于 2kg。

**5.1.2　散装产品**

按 GB/T 6679 规定进行。

**5.2　样品缩分**

将采取的合并样品迅速混匀，用缩分器或四分法将样品缩分至约 1kg，再缩分成两份，分装于两个洁净、干燥的具有磨口塞的玻璃瓶或塑料瓶中（生产企业质检部门可用洁净干燥的塑料自封袋盛装样品），密封并贴上标签，注明生产企业名称、产品名称、批号或生产日期、取样日期和取样人姓名，一瓶做产品检验，另一瓶保存两个月，以备查用。

## 6 试验方法

### 6.1 一般规定

除外观和粒度外，均做两份试料的平行测定。本标准中所用试剂、溶液和水，在未注明规格和配制方法时，均应符合 HG/T 2843 的规定。

### 6.2 外观检验

使用 5.2 中的样品，目测。

### 6.3 总养分

#### 6.3.1 总氮含量的测定

**6.3.1.1 方法一 蒸馏后滴定法（仲裁法）**

按 GB/T 8572 进行。

**6.3.1.2 方法二 自动分析仪法**

按 GB/T 8571 的规定进行试样制备后（若样品很难粉碎，可研磨至全部通过 1.00mm 孔径试验筛），按 GB/T 22923 进行测定。

**6.3.1.3 方法三 杜马斯燃烧法**

按 NY/T 1977—2010 的 3.2 进行。

#### 6.3.2 有效磷含量的测定和水溶性磷占有效磷百分率的计算

**6.3.2.1 方法一 磷钼酸喹啉重量法（仲裁法）**

按附录 A 进行。

**6.3.2.2 方法二 磷钼酸喹啉重量法或等离子体发射光谱法**

按 GB/T 8573 进行。

**6.3.2.3 方法三 自动分析仪法**

按 GB/T 8571 的规定进行试样制备后（若样品很难粉碎，可研磨至全部通过 1.00mm 孔径试验筛），按 GB/T 22923 进行测定。

#### 6.3.3 钾含量的测定

**6.3.3.1 方法一 四苯硼酸钾重量法（仲裁法）**

按 GB/T 8574 进行。

**6.3.3.2 方法二 自动分析仪法**

按 GB/T 8571 的规定进行试样制备后（若样品很难粉碎，可研磨至全部通过 1.00mm 孔径试验筛，）按 GB/T 22923 进行测定。

#### 6.3.3.3 方法三 等离子体发射光谱法

按 NY/T 2540—2014 的 4.3.2 制备试样溶液，然后按 NY/T2540—2014 的 5.3 测定。

### 6.3.4 总养分的计算

总养分为总氮、有效磷和钾含量之和。

## 6.4 硝态氮含量的测定

### 6.4.1 方法一 氮试剂重量法（仲裁法）

按 GB/T 8571 的规定进行试样制备后（若样品很难粉碎，可研磨至全部通过 1.00mm 孔径试验筛），按 GB/T 3597 进行测定。

### 6.4.2 方法二 自动分析仪法

按 GB/T 8571 的规定进行试样制备后（若样品很难粉碎，可研磨至全部通过 1.00mm 孔径试验筛），按 GB/T 22923 进行测定。

### 6.4.3 方法三 差减法

按 GB/T 8572—2010 的 6.2.2 和 6.2.1 分别测定总氮和铵态氮含量，二者的差值为硝态氮含量（仅适用于只含铵态氮和硝态氮的产品）。

### 6.4.4 方法四 紫外分光光度法

按 NY/T 1116—2014 的第 3 章进行（不适用于含有机态氮或其他有机物的产品）。

## 6.5 水分的测定

### 6.5.1 方法一 卡尔·费休法（仲裁法）

按 GB/T 8577 进行。

### 6.5.2 方法二 真空烘箱法

按 GB/T 8576 进行。

## 6.6 粒度的测定

使用 5.2 中的样品，按 GB/T 24891 进行。

## 6.7 氯离子含量的测定

### 6.7.1 方法一 容量法（仲裁法）

按 GB/T 24890 进行。

### 6.7.2 方法二 自动电位滴定法

按附录 B 进行。

### 6.8　中量元素含量的测定

#### 6.8.1　有效钙、有效镁含量的测定

##### 6.8.1.1　方法一　容量法（仲裁法）

按附录C的C.5.1制备试样溶液，然后按GB/T 19203—2003的3.4测定。

##### 6.8.1.2　方法二　等离子体发射光谱法

按附录C进行。

#### 6.8.2　总硫含量的测定

按GB/T 19203进行。

### 6.9　微量元素含量的测定

#### 6.9.1　方法一　等离子体发射光谱法（仲裁法）

按GB/T 8571的规定进行试样制备后（若样品很难粉碎，可研磨至全部通过1.00mm孔径试验筛），按GB/T 34764进行。

#### 6.9.2　方法二　原子吸收分光光度法

按GB/T 14540进行。

## 7　检验规则

### 7.1　检验类别及检验项目

产品检验分为出厂检验和型式检验。总养分含量、单一养分含量、水溶磷占有效磷的百分率（适用时）、硝态氮含量（适用时）、水分、粒度、氯离子含量（适用时）、中量元素含量（适用时）、微量元素含量（适用时）为出厂检验项目。型式检验包括第4章的全部项目，在有下列情况之一时进行型式检验：

——正式生产后，如原材料、工艺有较大改变可能影响产品质量指标时；

——正常生产时定期或积累到一定量后进行，缩二脲每6个月至少检验一次，4.3中的其他有毒有害物质含量每两年至少检验一次；

——长期停产后恢复生产时；

——政府监管部门提出型式检验要求时。

### 7.2　组批

产品按批检验，以一天或两天的产量为一批，最大批量为1 500t。

### 7.3 结果判定

**7.3.1** 本标准中产品质量指标合格判定，采用 GB/T 8170 中的“修约值比较法”。

**7.3.2** 生产企业应按本标准要求进行出厂检验和型式检验。检验项目全部符合本标准要求时，判该批产品合格。

**7.3.3** 生产企业进行的出厂检验或型式检验结果中如有一项指标不符合本标准要求时应重新自同批次两倍量的包装容器中采取样品进行检验，重新检验结果中，即使有一项指标不符合本标准要求，判该批产品不合格。

## 8 标识和质量证明书

**8.1** 产品中如含硝态氮，应在包装容器上标明“含硝态氮”。

**8.2** 以钙镁磷肥等枸溶性磷肥为基础肥料的产品应在包装容器的显著位置标明为“枸溶性磷”。

**8.3** 氯离子的质量分数大于 3.0% 的产品应根据 4.2 要求的“氯离子的质量分数”，在包装容器的显著位置用汉字明确标注“含氯（低氯）”“含氯（中氯）”或“含氯（高氯），而不是“氯”“含 Cl”或“Cl”等。标明“含氯”的产品，包装容器上不应有对氯敏感作物的图片，也不应有“硫酸钾（型）”“硝酸钾（型）”“硫基”“硝硫基”等容易导致用户误认为产品不含氯的标识。有“含氯（高氯）”标识的产品应在包装容器上标明“氯含量较高，使用不当会对作物和土壤造成伤害”的警示语。

**8.4** 含有酰胺态氮（尿素态氮）的产品应在包装容器的显著位置标明以下警示语：“含缩二脲，使用不当会对作物造成伤害”。未标该警示语的产品，检验检测机构可按产品不含酰胺态氮（尿素态氮）来选择总氮含量的测定方法进行检测和判定。

**8.5** 若加入中量元素和（或）微量元素可按中量元素和（或）微量元素（均以元素单质计）分别标明各单一元素含量，不应将中量元素和微量元素含量计入总养分。单一中量元素中有效钙、有效镁含量低于 1.0%、总硫含量低于 2.0%，单一微量元素含量低于 0.02% 的不应标注。

**8.6** 产品外包装容器上应有警示语、使用注意事项等。生产日期或批号、合格证、使用说明等部分产品信息可使用易于识别的二维码或条形码标注。

**8.7** 若在产品包装上标明本标准要求之外的肥料添加物应在包装容器上标明添加物名称、作用、含量及相应的检测方法标准。

**8.8** 养分含量的标注应以总物料为基础标注，不得将包装容器内的物料拆分分别标注。

**8.9** 每袋净含量应标明单一数值，如 50kg。

**8.10** 每批检验合格的出厂产品应附有质量证明书，其内容包括：生产企业名称、地址、产品名称、批号或生产日期、总养分、配合式或主要养分含量、氯离子含量、缩二脲含量、本标准号和法律法规规定应标注的内容。以钙镁磷肥等枸溶性磷肥为基础肥料的产品应注明为“枸溶性磷”，并应注明是否为“硝态氮”“尿素态氮”“有机态氮”。非出厂检验项目标注最近一次型式检验时的检测结果。

**8.11** 其余按 GB 18382 的规定执行。

## 9 包装、运输和贮存

**9.1** 产品用符合 GB/T 8569 规定的材料进行包装，包装规格为 1 000kg、50kg、40kg、25kg，每袋净含量允许范围分别为（1 000±10）kg、（50±0. 5）kg、（40±0. 4）kg、（25±0. 25）kg，每批产品平均每袋净含量不应低于 1 000kg、500kg、40. 0kg、25. 0kg。也可使用供需双方合同约定的其他包装规格。

**9.2** 在标明的每袋净含量范围内的产品中有添加物时，应与原物料混合均匀，不应以小包装形式放入包装袋中。

**9.3** 在符合 GB/T 8569 规定的前提下，宜使用经济实用型包装。

**9.4** 产品应贮存于阴凉干燥处，在运输过程中应防雨、防潮、防晒、防破裂。

# 附录 A
## (规范性附录)
## 复合肥料中有效磷含量的测定 磷钼酸喹啉重量法

### A.1 原理

用水研磨或超声提取水溶性磷，用 pH 值在 12.0~12.5 之间的乙二胺四乙酸二钠（EDTA）碱性溶液加热煮沸提取复合肥料中的有效磷后，提取液用硝酸溶液煮沸 10min 以上，使试液中的非正磷酸盐完全转化为正磷酸盐。在酸性介质中，采用磷钼酸喹啉重量法测定水溶性磷和有效磷的含量。

### A.2 试剂或材料

**A.2.1** 氢氧化钠溶液：200g/L。

**A.2.2** 乙二胺四乙酸二钠（EDTA）碱性溶液：称取乙二胺四乙酸二钠 37.5g，溶于 1 000mL 水中，混匀。使用前用氢氧化钠溶液（A.2.1）调节 pH 值至 12.0~12.5。

**A.2.3** 硝酸溶液：1+1。

**A.2.4** 喹钼柠酮试剂。

### A.3 仪器设备

**A.3.1** 通常用实验室仪器。

**A.3.2** 超声波清洗仪：能控制温度（30±2）℃。

**A.3.3** 电热恒温干燥箱：温度能控制在（180±2）℃。

**A.3.4** 玻璃坩埚式过滤：4 号，30mL。

### A.4 样品

#### A.4.1 试样制备

按 GB/T 8571 的规定进行（若样品很难粉碎，可研磨至全部通过 1.00mm 孔径试验筛）。

#### A.4.2 试样称量

自 A.4.1 中称取含有 100 ~ 180mg 五氧化二磷的试料，精确至 0.0002g。

### A.5 试验步骤

#### A.5.1 水溶性磷的提取

**A.5.1.1** 提取方法一（加水研磨）：按 A.4.2 要求称取试料，置于

75mL 瓷蒸发皿中，加 25mL 水研磨，将清液倾注过滤于预先加入 5mL 硝酸溶液的 250mL 容量瓶中。继续用水研磨三次，每次用 25mL 水，然后将水不溶物转移至滤纸上，并用水洗涤水不溶物，待容量瓶中溶液约 200mL 为止。最后用水稀释至刻度，混匀，即为溶液 A，供测定水溶磷用。

**A. 5. 1. 2** 提取方法二（超声提取）：按 A. 4. 2 要求称取试料，置于 250mL 容量瓶中，加入 150mL 水，摇动使试料分散均匀，塞紧瓶塞，将容量瓶置于超声波清洗仪中提取 10min（超声波清洗仪液面应高于容量瓶液面），用水稀释至刻度，混匀。干过滤，弃去最初部分滤液，即为溶液 B，供测定水溶磷用。

**注**：仲裁时采用 A. 5. 1. 1 方法提取水溶性磷。

**A. 5. 2 有效磷的提取**

按 A. 4. 2 要求称取试料，置于 400mL 烧杯中，加入 150mL EDTA 碱性溶液，盖上表面皿，置于电热板上加热微沸 15min，取下冷却至室温，定量转移至 250mL 容量瓶中，用水稀释至刻度，混匀。干过滤，弃去最初部分滤液，即为溶液 C，供测定有效磷用。

**A. 5. 3 水溶性磷的测定**

用单标线吸管吸取 25mL 溶液 A 或溶液 B，移入 400mL 高型烧杯中，加入 20mL 硝酸溶液，用水稀释至 100mL，加玻璃棒搅拌均匀，盖上表面皿，在电热板上加热微沸至少 10min，取下，用少量水冲洗表面皿和烧杯内壁，加入 35mL 喹钼柠酮试剂，盖上表面皿，在电热板上微沸 1min 或置于近沸水浴中保温至沉淀分层，取下烧杯冷却至室温。用预先在（180±2）℃电热恒温干燥箱内干燥至恒重的玻璃坩埚式过滤器过滤，先将上层清液滤完，然后用倾泻法洗涤沉淀 1~2 次，每次用 25mL 水，将沉淀移入滤器中，再用水洗涤 5~6 次，每次用 25mL 水，将沉淀连同滤器置于（180±2）℃干燥箱内，待温度达到 180℃后，干燥 45min，取出移入干燥器内，冷却至室温，称量。

**A. 5. 4 有效磷的测定**

用单标线吸管吸取 25mL 溶液 C，移入 400mL 高型烧杯中，加入 20mL 硝酸溶液，用水稀释至 100mL，加玻璃棒搅拌均匀，盖上表面皿。以下操作按 A. 5. 3 分析步骤进行。

### A.5.5 空白试验

除不加试样外，与试样提取和测定采用完全相同的试剂、用量和分析步骤，进行平行测定。

## A.6 试验数据处理

**A.6.1** 水溶性磷含量（$\omega_1$）及有效磷含量（$\omega_2$）以五氧化二磷（$P_2O_5$）的质量分数计，数值以%表示，依次按式（A.1）和式（A.2）计算：

$$\omega_1 = \frac{(m_1 - m_2) \times 0.03207}{m_A \times 25/250} \times 100 = \frac{(m_1 - m_2) \times 32.07}{m_A} \tag{A.1}$$

$$\omega_2 = \frac{(m_3 - m_4) \times 0.03207}{m_B \times 25/250} \times 100 = \frac{(m_3 - m_4) \times 32.07}{m_B} \tag{A.2}$$

式中 $m_1$——测定水溶性磷时，所得磷钼酸喹啉沉淀的质量的数值，单位为克（g）；

$m_2$——测定水溶性磷时，空白试验所得磷钼酸喹啉沉淀的质量的数值，单位为克（g）；

0.03207——磷钼酸喹啉质量换算为五氧化二磷质量的系数；

$m_A$——测定水溶性磷时，试料质量的数值，单位为克（g）；

25——吸取试样溶液体积的数值，单位为毫升（mL）；

250——试样溶液总体积的数值单位为毫升（mL）；

$m_3$——测定有效磷时，所得磷钼酸喹啉沉淀的质量的数值，单位为克（g）；

$m_4$——测定有效磷时，空白试验所得磷钼酸喹啉沉淀的质量的数值，单位为克（g）；

$m_B$——测定有效磷时，试料质量的数值，单位为克（g）。

计算结果表示到小数点后两位，取平行测定结果的算术平均值为测定结果。

**A.6.2** 水溶性磷占有效磷的百分率（$X$），按式（A.3）计算：

$$X = \frac{\omega_1}{\omega_2} \times 100\% \tag{A.3}$$

计算结果表示到小数点后一位。

## A.7 精密度

水溶性磷和有效磷含量平行测定结果的绝对差值应不大于0.20%。

水溶性磷和有效磷含量不同实验室测定结果的绝对差值应不大于0.30%。

## 附录 B
## (规范性附录)
## 复合肥料中氯离子含量的测定 自动电位滴定法

**B.1 原理**

用水煮沸提取试料中的氯离子，以银电极为指示电极，用硝酸银标准滴定溶液滴定试液中的氯离子，以自动电位滴定仪的电位突变确定反应终点，用消耗的硝酸银标准滴定溶液体积计算氯离子含量。

**B.2 试剂或材料**

**B.2.1** 硝酸银溶液 [$c(AgNO_3)$ = 0.01mol/L]：称取 1.7g 硝酸银溶于水中，加水稀释至 1 000mL，贮存于棕色瓶中。

**B.2.2** 氯离子标准溶液（1mg/mL）：准确称取 1.6487g 经 270～300℃烘干 4h 的基准氯化钠于 100mL 烧杯中，用少量水溶解后转移至 1 000mL 容量瓶中，用水稀释至刻度。混匀，贮存于塑料瓶中。

**B.3 仪器设备**

**B.3.1** 通常实验室仪器。

**B.3.2** 自动电位滴定仪，配有银电极。

**B.4 样品**

按 GB/T 8571 的规定进行（若样品很难粉碎，可研磨至全部通过 1.00mm 孔径试验筛）。

**B.5 试验步骤**

**B.5.1 硝酸银溶液的标定**

准确吸取 3.0mL 氯离子标准溶液于滴定杯中，加水至液面没过电极后标定。两次标定值的相对相差应不大于 0.5%。

**B.5.2 试样溶液的制备**

按表 B.1 对应的称样量范围自 B.4 中称取试样约 1～10g（精确至 0.000 2g）于 250mL 烧杯中，加 100mL 水，盖上表面皿，缓慢加热至沸，继续微沸 10min 取下，冷却至室温，用水转移至 250mL 容量瓶中，稀释至刻度，混匀。干过滤，弃去最初的部分滤液。

**B.5.3 测定**

准确吸取一定量的滤液于自动电位滴定仪的滴定杯中，加水至液面没过电极，用已标定的硝酸银溶液进行滴定。

表 B.1　称样量范围

| 氯离子含量（$w_3$）/% | 称样量/g |
| --- | --- |
| $W_3$<5 | 5~10 |
| 5≤$W_3$≤25 | 5~1 |
| $W_3$>25 | 1 |

### B.5.4　空白试验

按仪器说明书测定空白值。

## B.6　试验数据处理

氯离子（$Cl^-$）含量 $\omega_3$，以其质量分数（%）表示，按式（B.1）计算：

$$\omega_3 = \frac{(V_1 - V_2)cD_1 \times 0.035\,45}{m_C} \times 100 \qquad (B.1)$$

式中　$V_1$——测定试样时，消耗硝酸银标准滴定溶液的体积，单位为毫升（mL）；

$V_2$——空白试验时，消耗硝酸银标准滴定溶液的体积，单位为毫升（mL）；

$C$——硝酸银标准滴定溶液的浓度，单位为摩尔/升（mol/L）；

$D_1$——测定时试样溶液的稀释倍数；

0.035 45——氯离子的毫摩尔质量的数值，单位为克/毫摩尔（g/mmol）

$m_c$——试料质量的数值，单位为克（g）。

计算结果表示到小数点后两位，取平行测定结果的算术平均值作为测定结果。

## B.7　精密度

氯离子含量测定的精密度应符合表 B.2 的要求。

表 B.2　氯离子含量测定的精密度

| 氯离子含量（$\omega_3$）/% | 平行测定结果的绝对差值/% ≤ | 不同实验室测定结果的绝对差值/% ≤ |
| --- | --- | --- |
| $W_3$<5 | 0.20 | 0.30 |

（续表）

| 氯离子含量（$\omega_3$）/% | 平行测定结果的绝对差值/% ≤ | 不同实验室测定结果的绝对差值/% ≤ |
|---|---|---|
| $5 \leqslant W_3 \leqslant 25$ | 0.30 | 0.40 |
| $W_3 > 25$ | 0.40 | 0.60 |

# 附录 C
# （规范性附录）
# 复合肥料中有效钙、有效镁含量的测定 等离子体发射光谱法

## C.1 原理

用柠檬酸溶液在（30±2）℃恒温振荡或超声提取复合肥料中的有效钙、有效镁，试样溶液中的钙、镁在等离子体发射（ICP）光源中原子化并激发至高能态，处于高能态的原子跃迁至基态时产生具有特征波长的电磁辐射，辐射强度与钙、镁原子浓度成正比。

## C.2 试剂或材料

**C.2.1** 柠檬酸溶液（20g/L）：称取柠檬酸 20g 于 1 000mL 烧杯中，加水溶解，稀释至 1 000mL，混匀，贮存于塑料瓶中。

**C.2.2** 钙标准溶液：$\rho(\mathrm{Ca}) = 1\mathrm{mg/ml}$。

**C.2.3** 镁标准溶液：$\rho(\mathrm{Mg}) = 1\mathrm{mg/mL}$。

**C.2.4** 高纯氩气。

## C.3 仪器设备

**C.3.1** 通常用实验室仪器。

**C.3.2** 恒温水浴振荡器：能控制温度（30±2）℃。

**C.3.3** 超声波清洗仪：能控制温度（30+2）℃。

**C.3.4** 等离子体发射光谱仪。

## C.4 样品

按 GB/T 8571 的规定进行（若样品很难粉碎，可研磨至全部通过 1.00mm 孔径试验筛）。

## C.5 试验步骤

### C.5.1 有效钙、有效镁的提取

**C.5.1.1** 提取方法一（柠檬酸恒温振荡提取）：自 C.4 中称取 1～2g 试料（精确至 0.0002g）置于 250mL 容量瓶中，加入 150mL 柠檬酸溶液，摇动使试样分散均匀，塞紧瓶塞，置于（30±2）℃恒温水浴振荡器，恒温振荡提取 1h 取出，冷却至室温，用水稀释至刻度，混匀，干过滤，弃去最初部分滤液，即得溶液 D，供测定有效钙、有效镁用。

**C.5.1.2** 提取方法二（柠檬酸超声提取）：自 C.4 中称取 1～2g 试

料（精确至0.0002g）置于250mL容量瓶中，加入150mL柠檬酸溶液，摇动使试样分散均匀，塞紧瓶塞，置于（30±2）℃超声波清洗仪中恒温超声提取10min，取出，冷却至室温，用水稀释至刻度，混匀，干过滤，弃去最初部分滤液，即得溶液E，供测定有效钙、有效镁用。

**C.5.2　工作曲线的绘制**

分别吸取钙、镁标准溶液0mL、0.50mL、1.00mL、4.00mL、8.00mL、10.00mL于六个100mL容量瓶中，用水稀释至刻度，混匀。此标准系列钙、镁的质量浓度分别为0μg/mL、5.0μg/mL、8.0μg/mL、10.0μg/mL、40.0μg/mL、80.0μg/mL、100.0μg/mL。

测定前，根据待测元素性质和仪器性能，进行氩气流量、观测高度、视频发生器功率、积分时间等测量条件优化。然后，用等离子体发射光谱仪在波长317.933nm（钙）、285.213nm（镁）处测定各标准溶液的辐射强度。以各标准溶液钙镁的质量浓度（μg/mL）为横坐标，相应的辐射强度为纵坐标，绘制工作曲线。

**注**：可根据不同仪器灵敏度调整标准曲线的质量浓度。

**C.5.3　测定**

试样溶液D或试样溶液E直接或适当稀释后，在与测定标准系列溶液相同的条件下，测得钙、镁的辐射强度，在工作曲线上查出相应钙、镁的质量浓度（ug/mL）。

**C.5.4　空白试验**

除不加试样外，与试样提取和测定采用完全相同的试剂、用量和分析步骤，进行平行测定。

**C.6　试验数据处理**

有效钙含量$\omega_4$、有效镁含量$\omega_5$，以钙（Ca）、镁（Mg）的质量分数计，数值以%表示，依次按式（C.1）和式（C.2）计算：

$$\omega_4 = \frac{(\rho_1 - \rho_2) \times D_2 \times 250}{m_D} \times 10^{-6} \times 100 = \frac{(\rho_1 - \rho_2) \times D_2}{m_D} \times 0.025 \quad (C.1)$$

$$\omega_5 = \frac{(\rho_3 - \rho_4) \times D_3 \times 250}{m_D} \times 10^{-6} \times 100$$
$$= \frac{(\rho_3 - \rho_4) \times D_3}{m_D} \times 0.025 \qquad (C.2)$$

式中 $\rho_1$——由工作曲线查出的试样溶液中钙的质量浓度的数值，单位为微克/毫升（μg/mL）；

$\rho_2$——由工作曲线查出的空白溶液中钙的质量浓度的数值，单位为微克/毫升（μg/mL）；

$D_2$——测定有效钙时，试样溶液的稀释倍数；

250——试样溶液总体积的数值，单位为毫升（mL）；

$m_D$——测定有效钙、有效镁时，试料质量的数值，单位为克（g）；

$10^{-6}$——将克换算成微克的系数；

$\rho_3$——由工作曲线查出的试样溶液中镁的质量浓度的数值，单位为微克/毫升（μg/mL）；

$\rho_4$——由工作曲线查出的空白溶液中镁的质量浓度的数值，单位为微克/毫升（μg/mL）；

$D_3$——测定有效镁时，试样溶液的稀释倍数。

计算结果表示到小数点后两位，取平行测定结果的算术平均值为测定结果。

## C.7 精密度

平行测定结果的相对相差应不大于10%。

不同实验室测定结果的相对相差应不大于30%。

**注**：相对相差为两个平行测定结果的绝对差值与两个平行测定结果的平均值之比，以百分数（%）表示。

ICS 65.080
G 21

GB

# 中华人民共和国国家标准

GB/T 21633—2020
代替 GB/T 21633—2008

# 掺混肥料（BB肥）

Bulk blending fertilizer

2020-11-19 发布　　2021-06-01 实施

国家市场监督管理总局
国家标准化管理委员会　发布

# 前　言

本标准按照GB/T 1.1—2009给出的规则起草。

本标准代替GB/T 21633—2008《掺混肥料（BB肥）》，与GB/T 21633—2008相比，除编辑性改动外，主要技术变化如下：

——修改了范围（见第1章，2008年版的第1章）；

——增加了中量元素和微量元素的术语和定义（见3.5和3.6）；

——调整了粒径范围，提高了粒度指标（见表1，2008年版的表1）；细化了标明含氯产品的氯离子含量要求及检测方法（见表1、6.6，2008年版的表1、5.7）；调整了中量元素单一养分的质量分数指标及检测方法（见表1、6.7，2008年版的表1、5.8）；

——增加了有毒有害物质的限量要求（见4.3）；

——修改要素“采样方案”为“取样”（见第5章，2008年版的6.3和6.4）；

——增加了养分含量测定方法供选择（见第6章）；

——调整了型式检验项目和出厂检验项目（见7.1，2008年版的6.1）；

——细化了产品标识的规定（见第7章，2008年版的第7章）。

本标准由中国石油和化学工业联合会提出。

本标准由全国肥料和土壤调理剂标准化技术委员会磷复肥分技术委员会（SAC/TC 105/SC 3）归口。

本标准起草单位：上海化工研究院有限公司、五洲丰农业科技有限公司、美盛农资（北京）有限公司、贵州芭田生态工程有限公司、上海化工院检测有限公司。

本标准主要起草人：商照聪、王学江、滕国清、冯军强、赵淑婷、章志涛、谭占鳌、顾晓青、李峰、宋吉利、黄富林。

本标准所代替标准的历次版本发布情况为：

——GB 21633—2008、GB/T 21633—2008。

# 掺混肥料（BB肥）

## 1 范围

本标准规定了掺混肥料（BB肥）的术语和定义、技术要求、取样、试验方法、检验规则、标识和质量证明书、包装、运输和贮存。

本标准适用于氮、磷、钾三种养分中至少有两种养分标明量的由干混方法制成的掺混肥料（BB肥），适用于缓释型、控释型的掺混肥料；本标准也适用于干混补氮和（或）磷和（或）钾肥料颗粒的复合肥料。

本标准不适用于在复合肥料基础上仅干混有机颗粒和（或）生物制剂颗粒和（或）中微量元素颗粒的产品。

## 2 规范性引用文件

下列文件对于本文件的应用是必不可少的。凡是注日期的引用文件，仅注日期的版本适用于本文件。凡是不注日期的引用文件，其最新版本（包括所有的修改单）适用于本文件。

GB/T 6679—2003 固体化工产品采样通则

GB/T 8170 数值修约规则与极限数值的表示和判定

GB/T 8569 固体化学肥料包装

GB/T 8572 复混肥料中总氮含量的测定 蒸馏后滴定法

GB/T 8573 复混肥料中有效磷含量的测定

GB/T 8574 复混肥料中钾含量的测定 四苯硼酸钾重量法

GB/T 8576 复混肥料中游离水含量的测定 真空烘箱法

GB/T 8577 复混肥料中游离水含量的测定 卡尔·费休法

GB/T 14540 复混肥料中铜、铁、锰、锌、硼、钼含量的测定

GB/T 15063—2020 复合肥料

GB 18382 肥料标识 内容和要求

GB/T 18877—2020 有机无机复混肥料

GB/T 19203—2003 复混肥料中钙、镁、硫含量的测定

GB/T 22923　肥料中氮、磷、钾的自动分析仪测定法

GB/T 24890　复混肥料中氯离子含量的测定

GB/T 24891　复混肥料粒度的测定

GB/T 34764　肥料中铜、铁、锰、锌、硼、钼含量的测定等离子体发射光谱法

GB 38400　肥料中有毒有害物质的限量要求

NY/T 1117—2010　水溶肥料　钙、镁、硫、氯含量的测定

NY/T 2540—2014　肥料　钾含量的测定

NY/T 2542—2014　肥料　总氮含量的测定

## 3　术语和定义

下列术语和定义适用于本文件。

### 3.1　掺混肥料 bulk blending fertilizer

BB肥 bulk blending fertilizer

氮、磷、钾三种养分中，至少有两种养分标明量的由干混方法制成的颗粒状肥料。

### 3.2　总养分 total primary nutrient

总氮、有效五氧化二磷和氧化钾含量之和，以质量分数计。

### 3.3　标明量 declarable content

标明值 declarable content

在肥料包装、标签或质量证明书上标明的养分含量。

### 3.4　配合式 formula

按 $N-P_2O_5-K_2O$（总氮—有效五氧化二磷—氧化钾）顺序，用阿拉伯数字分别表示其在掺混肥料中所占的百分含量。

**注：**“0”表示肥料中不含该养分。

### 3.5　中量元素 secondary element

对元素钙、镁、硫等的统称。

### 3.6　微量元素 trace element

植物生长所必需的、但相对来说是少量的元素。

**注：**微量元素包括硼、锰、铁、锌、铜、钼等。

## 4 技术要求

### 4.1 外观

颗粒状，无机械杂质。

### 4.2 技术指标

产品技术指标应符合表1要求，同时应符合包装容器上的标明值。

### 4.3 有毒有害物质的限量要求

包装容器或使用说明中标明适用于种肥同播的产品缩二脲含量应不大于0.8%，其他有毒有害物质的限量要求执行GB 38400。

表1 掺混肥料（BB肥）的技术指标要求

<table>
<tr><th colspan="3">项 目</th><th>指 标</th></tr>
<tr><td colspan="2">总养分[a]（$N+P_2O_5+K_2O$）/%</td><td>≥</td><td>35.0</td></tr>
<tr><td colspan="2">水溶性磷占有效磷的百分率[b]/%</td><td>≥</td><td>60</td></tr>
<tr><td colspan="2">水分（$H_2O$）/%</td><td>≤</td><td>2.0</td></tr>
<tr><td colspan="2">粒度（2.00~4.75mm）/%</td><td>≥</td><td>90</td></tr>
<tr><td rowspan="3">氯离子[c]/%</td><td>未标“含氯”产品</td><td>≤</td><td>3.0</td></tr>
<tr><td>标识“含氯（低氯）”产品</td><td>≤</td><td>15.0</td></tr>
<tr><td>标识“含氯（中氯）”产品</td><td>≤</td><td>30.0</td></tr>
<tr><td rowspan="3">单一中量元素[d]（以单质计）/%</td><td>有效钙（Ca）</td><td>≥</td><td>1.0</td></tr>
<tr><td>有效镁（Mg）</td><td>≥</td><td>1.0</td></tr>
<tr><td>总硫（S）</td><td>≥</td><td>2.0</td></tr>
<tr><td colspan="2">单一微量元素[e]（以单质计）/%</td><td>≥</td><td>0.02</td></tr>
</table>

[a] 组成产品的单一养分含量不应小于4.0%，且单一养分测定值与标明值负偏差的绝对值不应大于1.5%。

[b] 以钙镁磷肥等枸溶性磷肥为基础磷肥并在包装容器上注明为“枸溶性磷”时，“水溶性磷占有效磷百分率”项目不做检验和判定。若为氮、钾二元肥料，“水溶性磷占有效磷百分率”项目不做检验和判定。

[c] 氯离子的质量分数大于30.0%的产品，应在包装袋上标明“含氯（高氯）”，标明“含氯（高氯）”的产品氯离子的质量分数可不做检测和判定。

[d] 包装容器上标明含有钙、镁、硫时检测本项目。

[e] 包装容器上标明含有铜、铁、锰、锌、硼、钼时检测本项目，钼元素的质量分数不高于0.5%。

# 5　取样

## 5.1　合并样品的采取

### 5.1.1　袋装产品

**5.1.1.1**　每批产品总袋数不超过 512 袋时，按表 2 确定取样袋数；超过 512 袋时，按式（1）计算结果取样，计算结果如遇小数时，则进为整数。

表 2　最少取样袋数的确定

| 每批产品总袋数 | 最少取样袋数 | 每批产品总袋数 | 最少取样袋数 |
|---|---|---|---|
| 1~10 | 全部 | 182~216 | 18 |
| 11~49 | 11 | 217~254 | 19 |
| 50~64 | 12 | 255~296 | 20 |
| 65~81 | 13 | 297~343 | 21 |
| 82~101 | 14 | 344~394 | 22 |
| 102~125 | 15 | 395~450 | 23 |
| 126~151 | 16 | 451~512 | 24 |
| 152~181 | 17 | | |

$$n = 3 \times \sqrt[3]{N} \tag{1}$$

式中　$n$——最少取样袋数；

　　　$N$——每批产品总袋数。

**5.1.1.2**　按表 2 或式（1）计算结果，随机抽取一定袋数，取样前上下颠倒 4~5 次，用按照图 1 样式制作的取样探子取样，取样时，先转动内管，使标记螺孔旋至外管凹槽的右边，使槽子关闭，用取样探子从包装袋的最长对角线插入至袋的 1/2 处，转动内管，使槽子打开，样品进入内管，然后关闭槽子，再抽出取样探子，将样品倒入样品袋中。用取样探子，依次从每袋的四个角处，按上述取样方式采集样品，每袋取出不少于 200g 样品，每批产品采取的总样品量不得少于 4kg。

### 5.1.2　散装产品

按 GB/T 6679 规定进行取样。

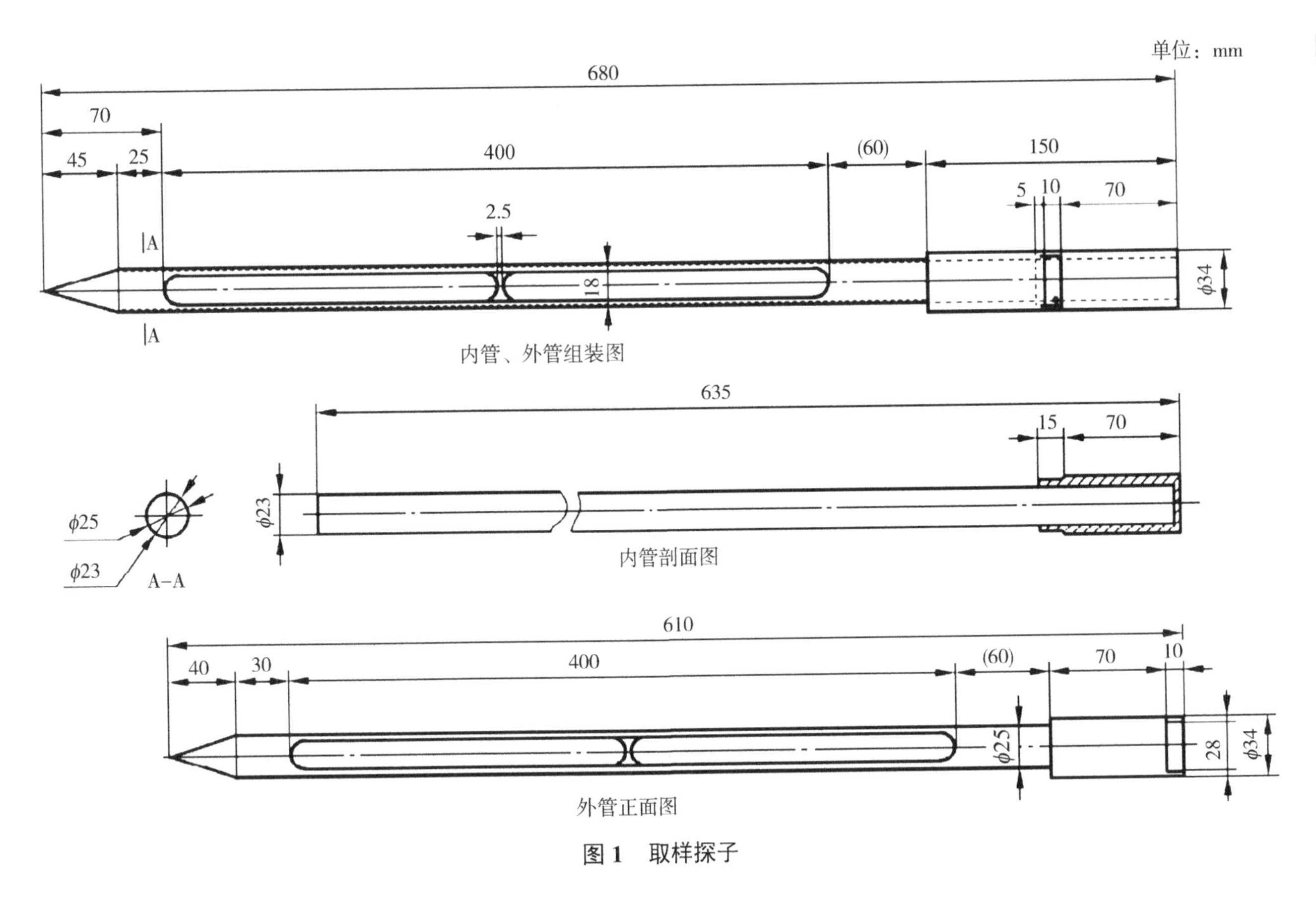
单位：mm
680
70
45
25
400
(60)
150
5
10
70
2.5
A
A
18
φ34
内管、外管组装图
635
15
70
φ25
φ23
A–A
φ23
内管剖面图
610
40
30
400
(60)
70
10
φ25
28
φ34
外管正面图
图 1　取样探子

## 5.2 样品缩分

**5.2.1** 将采取的样品迅速混匀用 GB/T 6679—2003 的附录 D 规定的格槽式缩分器混合、缩分采取的样品，注意每次上料时用长方形接收器的短边出料，并且以短边与缩分器中轴线平行的方式出料，沿缩分器中轴线往复移动接收器以使样品物料均匀平铺于缩分器内；下料时用长方形接收器的长边接料。样品用缩分器缩分成两份后再全部倒入缩分器，经 3~4 次再缩分，全部倒入缩分器，这样才能得到混合均匀的两份样品，这种操作称为混合缩分法。

**5.2.2** 用接受器取出 1 000~1 500g 采取的样品，经缩分器混合缩分后得到两份混合均匀的样品，保留其中一份。

**5.2.3** 按以上步骤处理剩余的采取样品，最后将每次处理得到的保留样品混合，再按相同方式混合缩分，直至保留样品约 1 000g，再次经混合缩分得到两份各约 500g 样品，分装于两个洁净、干燥的聚乙烯瓶或具有磨口塞的广口瓶中，密封、贴上标签，注明生产企业名称、产品名称、批号、取样日期、取样人姓名，一瓶做产品质量分析，另一瓶保存两个月，以备查用。

# 6 试验方法

## 6.1 试样制备

取 5.2.3 中一瓶样品，按 5.2.1 中规定混合缩分成两份，其中一份供外观、粒度测定（如果量大可再混合缩分一次）；另一份再混合缩分一至两次，得到约 100g 缩分样品，迅速研磨至全部通过 0.50mm 孔径筛（如样品潮湿，可通过 1.00mm 孔径筛），混合均匀，置于洁净、干燥的样品瓶中或自封袋内，供含量测定用。

## 6.2 外观检验

使用未经研磨的样品，目测检验。

## 6.3 总养分含量的测定

### 6.3.1 总氮含量的测定

#### 6.3.1.1 方法一 蒸馏后滴定法（仲裁法）

自 6.1 研磨后的样品中称取试样后按 GB/T 8572 进行测定。

#### 6.3.1.2 方法二 自动分析仪法

自 6.1 研磨后的样品中称取试样后按 GB/T 22923 进行测定。

#### 6.3.1.3 方法三 杜马斯燃烧法

自6.1研磨后的样品中称取试样后，按NY/T 2542—2014的第5章进行测定。

### 6.3.2 有效磷含量的测定及水溶性磷占有效磷百分率的计算

#### 6.3.2.1 方法一 磷钼酸喹啉重量法（仲裁法）

自6.1研磨后的样品中称取试样后，按GB/T 15063—2020的附录A进行测定。

#### 6.3.2.2 方法二 磷钼酸喹啉重量法或等离子体发射光谱法

自6.1研磨后的样品中称取试样后，按GB/T 8573进行测定。

#### 6.3.2.3 方法三 自动分析仪法

自6.1研磨后的样品中称取试样后按GB/T 22923进行测定。

### 6.3.3 钾含量的测定

#### 6.3.3.1 方法一 四苯硼酸钾重量法（仲裁法）

自6.1研磨后的样品中称取试样后按GB/T 8574进行测定。

#### 6.3.3.2 方法二 自动分析仪法

自6.1研磨后的样品中称取试样后，按GB/T 22923进行测定。

#### 6.3.3.3 方法三 等离子体发射光谱法

自6.1研磨后的样品中称取试样，按NY/T 2540—2014的4.3.2制备试样溶液，然后按NY/T 2540—2014的5.3测定。

### 6.3.4 总养分含量的计算

总养分含量为总氮、有效磷和钾含量之和。

## 6.4 水分的测定

### 6.4.1 方法一 卡尔·费休法（仲裁法）

自6.1研磨后的样品中称取试样后，按GB/T 8577进行测定。

### 6.4.2 方法二 真空烘箱法

自6.1研磨后的样品中称取试样后，按GB/T 8576进行测定。

## 6.5 粒度的测定

按GB/T 24891进行，选用孔径为2.00mm和4.75mm的试验筛。

## 6.6 氯离子含量的测定

### 6.6.1 方法一 容量法（仲裁法）

自6.1研磨后的样品中称取试样后，按GB/T 24890进行测定。

若滤液有颜色按 GB/T 18877—2020 中 6.11.1.4 脱色。

#### 6.6.2　方法二　自动电位滴定法

自 6.1 研磨后的样品中称取试样后，按 GB/T 24890 进行试样溶液的制备，按 NY/T 1117—2010 第 6 章进行测定。

### 6.7　中量元素含量的测定

#### 6.7.1　有效钙、有效镁含量

##### 6.7.1.1　方法一　容量法（仲裁法）

自 6.1 研磨后的样品中称取试样后，按 GB/T 15063—2020 附录 C 的 C.5.1 制备试样溶液，然后按 GB/T 19203—2003 的 3.4 测定。

##### 6.7.1.2　方法二　等离子体发射光谱法

自 6.1 研磨后的样品中称取试样后，按 GB/T 15063—2020 附录 C 进行。

#### 6.7.2　总硫含量的测定

自 6.1 研磨后的样品中称取试样后，按 GB/T 19203 进行。

### 6.8　微量元素含量的测定

#### 6.8.1　方法一　等离子体发射光谱法（仲裁法）

自 6.1 研磨后的样品中称取试样后按 GB/T 34764 进行。

#### 6.8.2　方法二　原子吸收分光光度法

自 6.1 研磨后的样品中称取试样后，按 GB/T 14540 进行。

## 7　检验规则

### 7.1　检验类别及检验项目

产品检验包括出厂检验和型式检验。4.1 和 4.2 中的项目为出厂检验项目，型式检验包括第 4 章的全部项目。在有下列情况之一时进行型式检验：

——正式生产后，如原材料、工艺有较大改变，可能影响产品质量指标时；

——正常生产时，按周期进行型式检验，缩二脲含量每 6 个月至少检验一次，4.3 中的其他有毒有害物质含量每两年至少检验一次；

——长期停产后恢复生产时；

——政府监管部门提出型式检验要求时。

**7.2　组批**

产品按批检验，以一天或两天的产量为一批，最大批量为1 000t。

**7.3　结果判定**

**7.3.1**　本标准中产品质量指标合格判定采用GB/T 8170中的“修约值比较法”。

**7.3.2**　生产企业应按本标准要求进行出厂检验和型式检验。检验项目全部符合本标准要求时，判该批产品合格。

**7.3.3**　生产企业进行的出厂检验或型式检验结果中如有一项指标不符合本标准要求时，应重新自同批次两倍量的包装袋中采取样品进行检验，重新检验结果中，即使有一项指标不符合本标准要求时，则判该批产品不合格。

**8　标识和质量证明书**

**8.1**　产品名称应标注“掺混肥料”或“掺混肥料（BB肥）”。配合式中的数值之和应与总养分标明量相等。

**8.2**　氯离子的质量分数大于3.0%的产品应按4.2中的“氯离子的质量分数”，在包装容器的显著位置用汉字明确标注“含氯（低氯）”“含氯（中氯）”或“含氯（高氯）”，而不是“氯”“含Cl”或“Cl”等。标明“含氯”的产品，包装容器上不应有对氯敏感作物的图片，也不应有“硫酸钾（型）”“硝酸钾（型）”“硫基”“硝硫基”等容易导致用户误认为产品不含氯的标识。有“含氯（高氯）”标识的产品应在包装容器上标明“氯含量较高，使用不当会对作物和土壤造成伤害”的警示语。

**8.3**　包装容器上标有缓释、控释字样或标称缓释、控释、缓控释掺混肥料（BB肥）时，应同时执行标明的缓释、控释肥料的国家标准或行业标准。

**8.4**　产品使用说明书应印刷在包装容器上，或放在包装容器内，或通过扫描二维码、条形码阅读，其内容包括：产品名称、总养分含量、配合式、使用方法、贮存及使用注意事项等。

**8.5**　使用硝酸铵产品为原料时，应在产品包装袋正面标注硝酸铵在产品中所占质量分数，应在包装容器适当位置标注贮运及使用安全注意事项，并应同时符合国家法律法规或标准中关于安全性能方面的要求。

**8.6** 若加入中量元素和（或）微量元素，可按中量元素和（或）微量元素（均以元素单质计）分别标明各单一元素含量，不应将中量元素和微量元素含量计入总养分。单一中量元素中有效钙、有效镁含量低于 1.0%、总硫含量低于 2.0%、单一微量元素含量低于 0.02% 的不应标注。

**8.7** 每袋净含量应标注单一数值，如 50kg。

**8.8** 若在产品包装容器上标明本标准要求之外的肥料添加物可在包装容器上标明添加物名称、作用、含量及相应的检验方法标准。

**8.9** 可使用易于识别的二维码或条形码标注部分产品信息。

**8.10** 养分含量应以总物料为基础标注，不得将包装容器内的物料拆分分别标注。

**8.11** 每批检验合格出厂的产品应附有质量证明书，其内容包括：生产企业名称、地址、产品名称、批号或生产日期、产品净含量、总养分含量、配合式、氯离子含量、生产许可证号及本标准编号。非出厂检验项目标注最近一次型式检验时的检测结果。

**8.12** 其余应符合 GB 18382。

## 9 包装运输和贮存

**9.1** 产品用符合 GB/T 8569 规定的材料进行包装，包装规格为 1 000 kg、50kg、40kg、25kg，每袋净含量允许范围分别为（1 000±10）kg、（50±0.5）kg、（40±0.4）kg、（25+0.25）kg，每批产品平均每袋净含量不应低于 1 000kg、50.0kg、40.0kg、25.0kg。也可使用供需双方合同约定的其他包装规格。

**9.2** 不应将计入净含量范围内的添加物未经混合均匀以小包装形式放入包装袋中。

**9.3** 产品应贮存于阴凉干燥处，在运输过程中应防潮、防晒和防破裂。产品可以包装或散装形式运输。

**9.4** 产品长距离运输和长期贮存会增加物料分离，使用前要上下颠倒 4~5 次。

**注：** 掺混肥料生产原料相容性匹配原则参见附录 A。

# 附录 A
## (资料性附录)
## 掺混肥料生产原料相容性匹配原则

影响掺混肥料不同原料相容、匹配与否的因素有来自物理方面的和来自化学方面的。影响物理相容性的因素有原料的粒径、外形和密度，其中粒径最为重要，可以通过平均主导粒径（SGN）和均匀度指数（UI）（参见附录 B）来加以控制。

在我国，掺混肥料需要装袋且运输距离和贮存时间都相对较长，其化学相容性的影响更为重要，这主要表现在掺混后吸湿潮解或结块、养分损失（氨的挥发和水溶磷的退化）两个方面。

### A.1 掺混后吸湿潮解或结块

吸湿一般有两种情况：一是掺混肥料的临界相对湿度（高于这一湿度肥料会自然吸收水分）降低，或形成更容易吸湿的化合物。如尿素和硝酸铵临界相对湿度分别为 75.2%、59.4%，混合后为 18%，极易吸湿。二是结晶水会释放出来成为游离水。如尿素和过磷酸钙（或重过磷酸钙）混合时，过磷酸钙（或重过磷酸钙）中的结晶水会释放出来，增加肥料中的液相比，同时形成的复盐使混合物的溶解度提高，极易吸湿，导致物理性状恶化。

### A.2 养分损失（氨的挥发和水溶磷的退化）

养分损失主要有两种情况，一是掺混后铵态氮肥中的氨挥发：铵盐与碱性物质原料（如钙镁磷肥、氰胺化钙、石灰等）混合会造成氨挥发；二是磷肥中水溶磷的退化：过磷酸钙或重过磷酸钙与碳酸钙混合后可导致其中的水溶性磷逐步退化成难溶性磷，降低磷肥的肥效。

表 A.1 列出一些常见原料的混合情况，供生产企业生产时参考。

**表 A.1 各种肥料原料混合后的情况**

| | 磷酸铵 | 碳酸氢铵 | 尿素 | 氯化铵 | 过磷酸钙 | 钙镁磷肥 | 重过磷酸钙 | 硫酸钾 | 氯化钾 | 磷酸铵 | 硝酸磷肥 |
|---|---|---|---|---|---|---|---|---|---|---|---|
| 硫酸铵 | | | | | | | | | | | |
| 碳酸氢铵 | × | | | | | | | | | | |
| 尿素 | ○ | × | | | | | | | | | |
| 氯化铵 | ○ | × | ○ | | | | | | | | |
| 过磷酸钙 | ○ | × | ● | ○ | | | | | | | |
| 钙镁磷肥 | ● | × | ○ | × | × | | | | | | |
| 重过磷酸钙 | ○ | × | ○ | ○ | ○ | ● | | | | | |
| 硫酸钾 | ○ | ● | ○ | ○ | ○ | ○ | ○ | | | | |
| 氯化钾 | ○ | ● | ○ | ○ | ○ | ○ | ○ | ○ | | | |
| 磷酸铵 | ○ | × | ○ | ○ | ○ | × | ○ | ○ | ○ | | |
| 硝酸磷肥 | ● | × | ● | ● | ● | × | ● | ● | ● | ● | |

注：○表示可以混合，●表示混合后不宜久放，×表示不可混合。

# 附录 B
## （资料性附录）
## 平均主导粒径（SGN）和均匀度指数（UI）的计算方法

### B.1 平均主导粒径（SGN）和均匀度指数（UI）简介

SGN 是 SIZE GUIDE NUMBER 的英文缩写，即平均主导粒径，是指根据质量分数 50%以上所在两筛间的物料的平均粒径，表征主导粒径的大小，不同肥料颗粒的 SGN 值一般在 280~340 之间比较合适。

UI 是 UNIFORMITY INDEX 的英文缩写，即均匀度指数，表征粒径的均匀程度，数值越大，均匀性越好，至少 40 才可以接受，不同物料掺混时，UI 值差别不宜超过 15%。

当选择不同颗粒肥料作为原料混配时，SGN 值和 UI 值要全面考虑，力求所有原料在两方面均更加接近，必要时采用筛分预处理进行选择。

### B.2 SGN 值计算方法

称取约 200g 的某种颗粒肥料样品进行筛分后分别称量，计算出筛上物的质量占样品总量的比例和相邻两筛子间筛网孔径的差值，根据 50%以上的筛上物所在两筛的孔径及其筛上物比例进行计算。

SGN 值 $X_{B1}$ 以粒径的 100 倍表示按式（B.1）计算：

$$X_{B1} = d \times 100 \times \frac{\omega_s - 50}{\omega_s - \omega_1} + d_s \times 100 \qquad (B.1)$$

式中 $d$——两相邻筛间孔径差，单位为毫米（mm）；

$w_s$——两相邻筛中小孔径筛以上（含该小孔径筛）各筛上物质量和占总量的质量分数，%；

$w_1$——两相邻筛中大孔径筛以上（含该大孔径筛）各筛上物质量和占总量的质量分数，%；

$d_S$——两相邻筛中小孔径筛直径，单位为毫米（mm）。

表 B.1 举例说明 SGN 值的计算方法：

SGN 值的计算：

若 50% 以上在 4.00 ~ 4.75，则 $X_{B1} = 75(\omega_{4.00} - 50)/(\omega_{4.00} - \omega_{4.75}) + 400$

表 B.1　某颗粒肥料筛分结果

| 标准筛孔径/mm | 4.75 | 4.00 | 3.35 | 2.80 | 2.50 | 2.00 | 1.00 | 筛底 |
|---|---|---|---|---|---|---|---|---|
| 筛间孔径差/mm | 0.75 | 0.65 | 0.55 | 0.30 | 0.50 | 1.00 | | — |
| 分段筛上物比例/% | 4.5 | 9.1 | 33.7 | 34.3 | 10.3 | 5.8 | 2.2 | 0.1 |
| 筛上物比例/% | 4.5 | 13.6 | 47.3 | 81.6 | 91.9 | 97.7 | 99.9 | 100.0 |

若 50% 以上在 3.35～4.00，则 $X_{B1}=65(\omega_{3.35}-50)/(\omega_{3.35}-\omega_{4.00})+335$

若 50% 以上在 2.80～3.35，则 $X_{B1}=55(\omega_{2.80}-50)/(\omega_{2.80}-\omega_{3.35})+400$

若 50% 以上在 2.50～2.80，则 $X_{B1}=30(\omega_{2.50}-50)/(\omega_{2.50}-\omega_{2.80})+400$

若 50% 以上在 2.00～2.50，则 $X_{B1}=50(\omega_{2.00}-50)/(\omega_{2.00}-\omega_{2.50})+400$

若 50% 以上在 1.00～2.00，则 $X_{B1}=100(\omega_{1.00}-50)/(\omega_{1.00}-\omega_{2.00})+100$

表 B.1 实例中质量分数超过 50% 以上的颗粒肥料在标准筛 3.35 和 2.80 的筛子之间，则其 SCN 值为：

$$X_{B1}=\frac{0.55\times100\times(81.6-50)}{81.6-47.3}+2.80\times100=330.7$$

## B.3　UI 值计算方法

称取约 200g 的某种颗粒肥料样品进行筛分后分别称量，计算出筛上物的质量占样品总量的比例和相邻两筛子间筛网孔径的差值，根据 95% 和 10% 以上的筛上物平均粒径之比进行计算。

UI 值 $X_{B2}$ 以粒径之比的百分数表示，按式（B.2）计算：

$$X_{B2}=(S/L)\times100 \tag{B.2}$$

式中　$S$——95% 以上的颗粒所在筛间的平均粒径，单位：mm；

$L$——10% 以上的颗粒所在筛间的平均粒径，单位：mm。

$S$ 和 $L$ 分别按式（B.3）和式（B.4）计算：

$$S=d\times100\times\frac{\omega_S-95}{\omega_S-\omega_1}+d_S\times100 \tag{B.3}$$

$$L = d \times 100 \times \frac{\omega_S - 10}{\omega_S - \omega_1} + d_S \times 100 \quad (B.4)$$

式中　$d$——两相邻筛间孔径差，单位为毫米（mm）；

$\omega_S$——两相邻筛中小孔径筛以上（含该小孔径筛）各筛上物质量和占总量的质量分数,%；

$\omega_1$——两相邻筛中大孔径筛以上（含该大孔径筛）各筛上物质量和占总量的质量分数,%；

$d_S$——两相邻筛中小孔径筛直径，单位为毫米（mm）。

$S$ 值的计算：

若95%以上在4.00~4.75，则小粒径 $S=75(\omega_{4.00}-95)/(\omega_{4.00}-\omega_{4.75})+400$

若95%以上在3.35~4.00，则小粒径 $S=65(\omega_{3.35}-95)/(\omega_{3.35}-\omega_{4.00})+335$

若95%以上在2.80~3.35，则小粒径 $S=55(\omega_{2.80}-95)/(\omega_{2.80}-\omega_{3.35})+400$

若95%以上在2.50~2.80，则小粒径 $S=30(\omega_{2.50}-95)/(\omega_{2.50}-\omega_{2.80})+400$

若95%以上在2.00~2.50，则小粒径 $S=50(\omega_{2.00}-95)/(\omega_{2.00}-\omega_{2.50})+400$

若95%以上在1.00~2.00，则小粒径 $S=100(\omega_{1.00}-95)/(\omega_{1.00}-\omega_{2.00})+100$

$L$ 值的计算：

若10%以上在4.00~4.75，则大粒径 $L=75(\omega_{4.00}-10)/(\omega_{4.00}-\omega_{4.75})+400$

若10%以上在3.35~4.00，则大粒径 $L=65(\omega_{3.35}-10)/(\omega_{3.35}-\omega_{4.00})+335$

若10%以上在2.80~3.35，则大粒径 $L=55(\omega_{2.80}-10)/(\omega_{2.80}-\omega_{3.35})+400$

若10%以上在2.50~2.80，则大粒径 $L=30(\omega_{2.50}-10)/(\omega_{2.50}-\omega_{2.80})+400$

若10%以上在2.00~2.50，则大粒径 $L=50(\omega_{2.00}-10)/(\omega_{2.00}-$

$\omega_{2.50}$)+400

若 10%以上在 1.00~2.00，则大粒径 $L=100(\omega_{1.00}-10)/(\omega_{1.00}-\omega_{2.00})+100$

按照表 B.1 实例计算：

质量分数 95%的颗粒肥料在标准筛 2.0~2.50 的筛子之间，质量分数 10%的颗粒肥料在标准筛 4.00~4.75 的筛子之间，根据相应的公式计算如下：

$$S=\frac{0.50\times100\times(97.7-95)}{97.7-91.9}+2.00\times100=223.3$$

$$L=\frac{0.75\times100\times(13.6-10)}{13.6-4.5}+4.00\times100=429.7$$

$X_{B2}=223.3/429.7\times100=52.0$，即均匀度指数为 52.0。

ICS 65.080
G 21

GB

# 中华人民共和国国家标准

GB/T 18877—2020
代替 GB/T 18877—2009

# 有机无机复混肥料

Organic inorganic compound fertilizer

2020-11-19 发布　　2021-06-01 实施

国家市场监督管理总局
国家标准化管理委员会　发布

# 前　　言

本标准按照 GB/T1. 1—2009 给出的规则起草。

本标准代替 GB/T18877—2009《有机－无机复混肥料》，与 GB/T 18877—2009 相比，除编辑性改动外，主要技术变化如下：

——修改了范围（见第 1 章，2009 年版的第 1 章）；

——增加了部分规范性引用文件（见第 2 章）；

——修改了术语和定义（见第 3 章，2009 年版的第 3 章）；

——修改了产品的部分技术要求（见第 4 章，2009 年版的第 4 章）；

——增加了一种产品类型（Ⅲ型）并规定了技术指标（见 4. 2），氯离子的质量分数细化为“含氯（低氯）”“含氯（中氯）”“含氯（高氯）”（见 4. 2，2009 年版的 4. 2）；

——增加了钠离子的标识要求和检测方法，并细化了产品包装标识规定（见 4. 2、6. 13）。

——增加了产品中有毒有害物质的限量要求（见 4. 3）；

——修改要素“采样方案”为“取样”（见第 5 章，2008 年版的 6. 3 和 6. 4）；

——增加了自动电位滴定法测定氯离子含量（见 6. 11. 2）；

——增加了砷、镉、铅、铬、汞含量测定的等离子体电感耦合光谱法（见 6. 12）；

——细化了产品标识的规定（见第 7 章，2009 年版的第 7 章）。

本标准由中国石油和化学工业联合会提出。

本标准由全国肥料和土壤调理剂标准化技术委员会磷复肥分技术委员会（SAC/TC 105/SC 3）归口。

本标准起草单位：上海化工研究院有限公司、深圳市芭田生态工程股份有限公司、湖南金叶众望科技股份有限公司、山东绿宝珠生物肥业有限公司、上海化工院检测有限公司、上海寰球工程有限公司。

本标准主要起草人：黄培到、范宾、肖汉乾、刘文雷、屈昕、华建青、何源、程传东、郑永华、徐桐桐、陈彬、陈剑、陈劼、付娟。

本标准所代替标准的历次版本发布情况为：

——GB18877—2002、GB/T 18877—2009。

# 有机无机复混肥料

## 1　范围

本标准规定了有机无机复混肥料的术语和定义、技术要求、取样、试验方法、检验规则、标识和质量证明书、包装、运输和贮存。

本标准适用于以人及畜禽粪便、动植物残体、农产品加工下脚料等有机物料经过发酵，进行无害化处理后，添加无机肥料制成的有机无机复混肥料。

## 2　规范性引用文件

下列文件对于本文件的应用是必不可少的。凡是注日期的引用文件，仅注日期的版本适用于本文件。凡是不注日期的引用文件，其最新版本（包括所有的修改单）适用于本文件。

GB/T 6679　固体化工产品采样通则

GB/T 8170　数值修约规则与极限数值的表示和判定

GB/T 8569　固体化学肥料包装

GB/T 8573　复混肥料中有效磷含量的测定

GB/T 8576　复混肥料中游离水含量的测定　真空烘箱法

GB/T 8577　复混肥料中游离水含量的测定　卡尔·费休法

GB/T 15063—2020　复合肥料

GB/T 17767.1　有机—无机复混肥料的测定方法　第1部分：总氮含量

GB/T 17767.3　有机—无机复混肥料的测定方法　第3部分：总钾含量

GB 18382　肥料标识　内容和要求

GB/T 19524.1　肥料中粪大肠菌群的测定

GB/T 19524.2　肥料中蛔虫卵死亡率的测定

GB/T 22923—2008　肥料中氮、磷、钾的自动分析仪测定法

GB/T 22924　复混肥料（复合肥料）中缩二脲含量的测定

GB/T 23349　肥料中砷、镉、铅、铬、汞含量的测定

GB/T 24890—2010　复混肥料中氯离子含量的测定

GB/T 24891　复混肥料粒度的测定

GB 38400　肥料中有毒有害物质的限量要求

HG/T 2843　化肥产品化学分析常用标准滴定溶液、标准溶液、试剂溶液和指示剂溶液

NY/T 1117　水溶肥料　钙、镁、硫、氯含量的测定

NY/T 1972　水溶肥料　钠、硒、硅含量的测定

NY/T 1978　肥料　汞、砷、镉、铅、铬含量的测定

## 3　术语和定义

下列术语和定义适用于本文件。

**有机无机复混肥料 organic inorganic compound fertilizer**

含有一定量有机肥料的复混肥料。

**注：**有机无机复混肥料包括有机无机掺混肥料。

## 4　技术要求

**4.1**　外观：颗粒状或条状产品，无机械杂质。

**4.2**　有机无机复混肥料的技术指标应符合表1要求，并应符合标明值。

表1　有机无机复混肥料的技术指标要求

| 项目 | | 指标 | | |
|---|---|---|---|---|
| | | Ⅰ型 | Ⅱ型 | Ⅲ型 |
| 有机质含量/% | ≥ | 20 | 15 | 10 |
| 总养分（$N+P_2O_5+K_2O$）含量[a]/% | ≥ | 15.0 | 25.0 | 35.0 |
| 水分（$H_2O$）[b]/% | ≤ | 12.0 | 12.0 | 10.0 |
| 酸碱度（pH值） | | 5.5~8.5 | | 5.0~8.5 |
| 粒度（1.00~4.75mm或3.35~5.6mm）[c]/% | ≥ | 70 | | |
| 蛔虫卵死亡率/% | ≥ | 95 | | |
| 类大肠菌群数/（个/g） | ≤ | 100 | | |

（续表）

| 项目 | | | 指标 | | |
|---|---|---|---|---|---|
| | | | Ⅰ型 | Ⅱ型 | Ⅲ型 |
| 氯离子含量[d]/% | 未标“含氯”的产品 | ≤ | 3.0 | | |
| | 标明“含氯（低氯）”的产品 | ≤ | 15.0 | | |
| | 标明“含氯（中氯）”的产品 | ≤ | 30.0 | | |
| 砷及其化合物含量（以 As 计）/（mg/kg） | | ≤ | 50 | | |
| 镉及其化合物含量（以 Cd 计）/（mg/kg） | | ≤ | 10 | | |
| 铅及其化合物含量（以 Pb 计）/（mg/kg） | | ≤ | 150 | | |
| 铬及其化合物含量（以 Cr 计）/（mg/kg） | | ≤ | 500 | | |
| 汞及其化合物含量（以 Hg 计）/（mg/kg） | | ≤ | 5 | | |
| 钠离子含量/% | | ≤ | 3.0 | | |
| 缩二脲含量/% | | ≤ | 0.8 | | |

[a] 标明的单一养分含量不应低于 3.0%，且单一养分测定值与标明值负偏差的绝对值不应大于 1.5%。
[b] 水分以出厂检验数据为准。
[c] 指出厂检验数据，当用户对粒度有特殊要求时，可由供需双方协议确定。
[d] 氯离子的质量分数大于 30.0% 的产品，应在包装袋上标明“含氯（高氯）”，标识“含氯（高氯）”的产品氯离子的质量分数不做检验和判定。

**4.3** 有毒有害物质的限量要求：除蛔虫卵死亡率、粪大肠菌群数、砷、镉、铅、铬、汞、钠离子、缩二脲以外的其他有毒有害物质的限量要求，按 GB 38400 的规定执行。

## 5 取样

### 5.1 合并样品的采取

#### 5.1.1 袋装产品

**5.1.1.1** 每批产品总袋数不超过 512 袋时，按表 2 确定最少取样袋数；大于 512 袋时，按式（1）计算结果确定最少取样袋数，如遇小数，则进为整数。

$$n = 3 \times \sqrt[3]{N} \tag{1}$$

式中 $n$——量少取样袋数；

$N$——每批产品总袋数。

表 2　最少取样袋数的确定

| 每批产品总袋数 | 最少取样袋数 | 每批产品总袋数 | 最少取样袋数 |
|---|---|---|---|
| 1~10 | 全部 | 182~216 | 18 |
| 11~49 | 11 | 217~254 | 19 |
| 50~64 | 12 | 255~296 | 20 |
| 65~81 | 13 | 297~343 | 21 |
| 82~101 | 14 | 344~394 | 22 |
| 102~125 | 15 | 395~450 | 23 |
| 126~151 | 16 | 451~512 | 24 |
| 152~181 | 17 | | |

**5.1.1.2**　按表 2 或式（1）计算结果随机抽取一定袋数用取样器沿每袋最长对角线插入至袋的 3/4 处，取出不少于 100g 样品，每批采取总样品量不少于 2kg。

**5.1.2　散装产品**

按 GB/T 6679 的规定进行。

**5.2　样品缩分**

将采取的样品迅速混匀，用缩分器或四分法将样品缩分至不少于 1kg，再缩分成两份，分装于两个洁净、干燥的具有磨口塞的玻璃瓶或塑料瓶中，密封并贴上标签，注明生产企业名称、产品名称、产品类别、批号或生产日期、取样日期和取样人姓名。一瓶做产品检验，另一瓶保存两个月，以备查用。

**6　试验方法**

警示——试剂中的重铬酸钾及其溶液具有氧化性硫酸及其溶液、盐酸、硝酸银溶液和氢氧化钠溶液具有腐蚀性，相关操作应在通风橱内进行。本标准并未指出所有可能的安全问题，使用者有责任采取适当的安全和健康措施，并保证符合国家有关法规规定的条件。

**6.1　一般规定**

本标准中所用试剂、水和溶液的配制，在未注明规格和配制方法时，均应按 HG/T 2843 的规定。除外观和粒度外，均做两份试料的平行测定。

## 6.2 试样制备

由5.2中取一瓶样品，经多次缩分后取出约100g，迅速研磨至全部通过0.50mm或1.00mm孔径试验筛（如样品潮湿或很难粉碎，可研磨至全部通过200mm孔径试验筛），混匀，收集到干燥瓶中，作含量测定用。余下样品供外观、粒度、蛔虫卵死亡率、粪大肠菌群数测定用。

## 6.3 外观

目测法。

## 6.4 有机质含量

### 6.4.1 原理

用一定量的重铬酸钾溶液及硫酸，在加热条件下，使有机无机复混肥料中的有机碳氧化，剩余的重铬酸钾溶液用硫酸亚铁（或硫酸亚铁铵）标准滴定溶液滴定，同时做空白试验，根据氧化前后氧化剂消耗量，计算出有机碳含量，将有机碳含量乘以经验常数1.724换算为有机质。

### 6.4.2 试剂或材料

**6.4.2.1** 硫酸。

**6.4.2.2** 硫酸溶液，1+1。

**6.4.2.3** 重铬酸钾溶液[$c(1/6K_2Cr_2O_7)=0.8mol/L$]；称取重铬酸钾39.23g溶于600~800mL水中，加水稀释至1L，贮于试剂瓶中备用。

**6.4.2.4** 重铬酸钾基准溶液[$c(1/6K_2Cr_2O_7)=0.250\ 0mol/L$]：称取经120℃干燥4h的基准重铬酸钾12.257 7g，先用少量水溶解，然后转移入1L量瓶中，用水稀释至刻度，混匀。

**6.4.2.5** 1,10-菲啰啉-硫酸亚铁铵混合指示液。

**6.4.2.6** 铝片：CP。

**6.4.2.7** 硫酸亚铁（或硫酸亚铁铵）标准滴定溶液［$c(Fe^{2+})=0.25mol/L$］：称取70g硫酸亚铁（$FeSO_4 \cdot 7H_2O$）或100g硫酸亚铁铵[$(NH_4)_2SO_4 \cdot FeSO_4 \cdot 6H_2O$]溶于900mL水中，加入硫酸20mL，用水稀释至1L（必要时过滤），摇匀后贮于棕色瓶中。此溶液易被空气氧化，每次使用时应使用重铬酸钾基准溶液标定。在溶液中加入两条洁净的铝片，可保持溶液浓度长期稳定。

硫酸亚铁（或硫酸亚铁铵）标准滴定溶液的标定：准确吸取25.0mL重铬酸钾基准溶液于250mL锥形瓶中，加水50~60mL、硫酸溶液10mL和1，10-菲啰啉-硫酸亚铁铵混合指示液3~5滴，用硫酸亚铁（或硫酸亚铁铵）标准滴定溶液滴定，被滴定溶液由橙色转为亮绿色，最后变为砖红色为终点，根据硫酸亚铁（或硫酸亚铁铵）标准滴定溶液的消耗量，计算其准确浓度 $c_2$，按式（2）计算：

$$c_2 = \frac{c_1 \times V_1}{V_2} \tag{2}$$

式中 $c_1$——重铬酸钾基准溶液的浓度，单位为摩尔/升（mol/L）；

$V_1$——吸取重铬酸钾基准溶液的体积，单位为毫升（mL）；

$V_2$——滴定消耗硫酸亚铁（或硫酸亚铁铵）标准滴定溶液的体积，单位为毫升（mL）。

**6.4.3 仪器设备**

**6.4.3.1** 通常用实验室仪器。

**6.4.3.2** 水浴锅。

**6.4.4 试验步骤**

自6.2研磨后的样品中称取试样0.1~1.0g（精确至0.0001g）（含有机碳不大于15mg），放入250mL锥形瓶中，准确加入15.0mL重铬酸钾溶液和20mL硫酸，并于锥形瓶口加一个弯颈小漏斗，然后放入100℃水浴中30min（保持水沸），取下，用水冲洗锥形瓶冷却，瓶中溶液总体积应控制在75~100mL，加3~5滴1,10-菲啰啉-硫酸亚铁铵混合指示液，用硫酸亚铁（或硫酸亚铁铵）标准滴定溶液滴定，被滴定溶液由橙色转为亮绿色，最后变成砖红色为滴定终点，同时按以上步骤进行空白试验。

如果滴定试料所用硫酸亚铁（或硫酸亚铁铵）标准滴定溶液的用量不到空白试验所用硫酸亚铁（或硫酸亚铁铵）标准滴定溶液用量的1/3时，则应减少称样量，重新测定。

按6.11测定氯离子含量 $W_1$（%），然后从有机碳测定结果中加以扣除来消除氯离子的干扰。

**6.4.5 试验数据处理**

有机质含量 $W_2$，以质量分数计，数值以%表示，按式（3）

计算：

$$W_2 = \left[\frac{(V_3 - V_4) \times c_2 \times 0.003 \times 1.5}{m_0} \times 100 - W_1/12\right] \times 1.724$$

式中 $V_3$——空白试验时，消耗硫酸亚铁（或硫酸亚铁铵）标准滴定溶液的体积，单位为毫升（mL）；

$V_4$——测定试验时，消耗硫酸亚铁（或硫酸亚铁铵）标准滴定溶液的体积，单位为毫升（mL）；

$c_2$——硫酸亚铁（或硫酸亚铁铵）标准滴定溶液的浓度，单位为摩尔/升（mol/L）；

0.003——四分之一碳的摩尔质量，单位为克/毫摩尔（g/mmol）；

1.5——氧化校正系数；

$W_1$——按 6.11 测得的试样中氯离子含量,%；

1/12——按 6.11 测得的试样中氯离子含量,%；

1.724——有机碳与有机质之间的经验转换系数；

$m_0$——试料的质量，单位为克（g）。

计算结果表示到小数点后一位，取平行测定结果的算术平均值为测定结果。

#### 6.4.6 精密度

平行测定结果的绝对差值不大于 1.0%；不同实验室测定结果的绝对差值不大于 1.5%。

### 6.5 总养分含量

#### 6.5.1 总氮含量的测定

自 6.2 研磨后的样品中称样按 GB/T 17767.1 或 GB/T 22923—2008 中 3.1 的规定进行，以 GB/T 17767.1 的方法为仲裁法。

#### 6.5.2 有效五氧化二磷含量的测定

自 6.2 研磨后的样品中称样，按 GB/T 15063—2020 的附录 A 或 GB/T 8573 进行，以 GB/T15063—2020 的附录 A 为仲裁法。

#### 6.5.3 总氧化钾含量的测定

自 6.2 研磨后的样品中称样，按 GB/T 17767.3 的规定进行。

#### 6.5.4 总养分含量的计算

总养分含量为总氮、有效五氧化二磷、总氧化钾含量之和。

### 6.6 水分的测定

自6.2研磨后的样品中称样。含碳酸氢铵以及其他在干燥过程中产生非水分的挥发性物质的产品按GB/T 8577的方法进行测定，其他产品按GB/T 8577或GB/T 8576的规定进行，以GB/T 8577的方法为仲裁法。

### 6.7 酸碱度的测定

#### 6.7.1 原理

试样经水溶解，用pH酸度计测定。

#### 6.7.2 试剂或溶液

**6.7.2.1** 苯二甲酸盐标准缓冲溶液，$c(C_6H_4CO_2HCO_2K)=0.05mol/L$。

**6.7.2.2** 磷酸盐标准缓冲溶液，$c(KH_2PO_4)=0.025mol/L$，$c(Na_2HPO_4)=0.025mol/L$。

**6.7.2.3** 硼酸盐标准缓冲溶液，$c(Na_2B_4O_7)=0.01\ mol/L$。

**6.7.2.4** 不含二氧化碳的水。

#### 6.7.3 仪器设备

**6.7.3.1** 通常实验室用仪器。

**6.7.3.2** pH酸度计：灵敏度为0.01pH单位。

#### 6.7.4 试验步骤

自6.2研磨后的样品中称取试样10.00g于100mL烧杯中，加50mL不含二氧化碳的水，搅动1min，静置5min，用pH酸度计测定。测定前，用标准缓冲溶液对酸度计进行校验。

#### 6.7.5 试验数据处理

试样的酸碱度以pH值表示。

取平行测定结果的算术平均值为测定结果。

#### 6.7.6 精密度

平行测定结果的绝对差值不大于0.10pH。

### 6.8 粒度的测定

按GB/T 24891的规定进行。

### 6.9 蛔虫卵死亡率的测定

按GB/T 19524.2进行。

## 6.10 粪大肠菌群数的测定

按 GB/T 19524.1 进行。

## 6.11 氯离子含量的测定

### 6.11.1 容量法

#### 6.11.1.1 原理

试样在微酸性溶液中（若用沸水提取的试样溶液过滤后滤液有颜色，将试样和爱斯卡混合试剂混合经灼烧以除去可燃物，并将氯转化为氯化物），加入过量的硝酸银溶液，使氯离子转化成为氯化银沉淀，使用邻苯二甲酸二丁酯包裹沉淀，以硫酸铁铵为指示剂，用硫氰酸铵标准滴定溶液滴定剩余的硝酸银。

#### 6.11.1.2 试剂或溶液

**6.11.1.2.1** GB/T 24890—2010 第 4 章中的全部试剂和材料。

**6.11.1.2.2** 硝酸银溶液：10g/L。

**6.11.1.2.3** 活性炭。

**6.11.1.2.4** 爱斯卡混合试剂：将氧化镁与无水碳酸钠以 2∶1 的质量比混合后研细至小于 0.25mm 并混匀。

#### 6.11.1.3 仪器设备

**6.11.1.3.1** 通常实验用仪器。

**6.11.1.3.2** 箱式电阻炉：温度可控制在（500±20）℃。

#### 6.11.1.4 试验步骤

按 GB/T 24890—2010 的第 5 章规定进行。

若滤液有颜色，应准确吸取一定量的滤液（含氯离子约 25mg）加 2~3g 活性炭，充分搅拌后过滤，并洗涤 3~5 次，每次用水约 5mL。收集全部滤液于 250mL 锥形瓶中，以下按 GB/T 24890—2010 第 5 章中“加入 5mL 硝酸溶液，加入 25.0mL 硝酸银溶液……”进行测定。

对于活性炭无法脱色的样品，可减少称样量，取 1~2g 试样，将试料放入内盛 2~4g（称准至 0.1g）爱斯卡混合试剂的瓷坩埚中，仔细混匀，再用 2g 爱斯卡混合试剂覆盖，将瓷坩埚送入（500±20）℃的箱式电阻炉内灼烧 2h。将瓷坩埚从炉内取出冷却到室温，将其中的灼烧物转入 250mL 烧杯中，并用 50~60mL 热水冲洗坩埚内壁将冲洗液一并放入烧杯中。用倾泻法用定性滤纸过滤，用热水冲洗残渣1~2次，然后将残渣转移到漏斗中，再用热水仔细冲洗滤纸和残渣，洗至无氯离子为止（用10g/L硝酸银溶液检验），所有滤液都收集到250mL容量瓶中，定容到刻度并摇匀。准确吸取一定量的滤液（含氯离子约25mg）于250mL锥形瓶中，以下按GB/T 24890—2010第5章中“加入5mL硝酸溶液，加入25.0mL硝酸银溶液……”进行测定。

**6.11.1.5 试验数据处理**

见GB/T 24890—2010的第6章。

**6.11.2 自动电位滴定法（仲裁法）**

按6.11.1.4步骤处理后，按NY/T 1117进行。

**6.12 砷、镉、铅、铬和汞含量的测定**

自6.2研磨后的样品中称样按GB/T 23349进行。或按GB/T 23349制备试样溶液后，按NY/T 1978中的测定步骤进行。以GB/T 23349规定的方法为仲裁法。

**6.13 钠离子含量的测定**

自6.2研磨后的样品中称样，按NY/T 1972进行。

**6.14 缩二脲含量的测定**

自6.2研磨后的样品中称样，按GB/T 22924中的高效液相色谱法进行。

**7 检验规则**

**7.1 检验类别及检验项目**

产品检验包括出厂检验和型式检验，外观、有机质含量、总养分含量、水分、粒度、酸碱度、氯离子含量、钠离子含量为出厂检验项目，型式检验项目包括第4章的全部项目。在有下列情况之一时进行型式检验：

——正式生产后，如原材料、工艺有较大改变，可能影响产品质量时；

——正常生产时，按周期进行型式检验，蛔虫卵死亡率、粪大肠菌群数、缩二脲、砷、镉、铅、铬、汞每6个月至少检验一次，4.3中的其他项目每两年至少检验一次；

——长期停产后恢复生产时；

——政府监管部门提出型式检验的需求时。

### 7.2 组批

产品按批检验，以一天或两天的产量为一批，最大批量为500t。

### 7.3 结果判定

**7.3.1** 本标准中产品质量指标合格判定，采用GB/T 8170中的“修约值比较法”。

**7.3.2** 生产企业应按本标准要求进行出厂检验和型式检验。检验项目全部符合本标准要求时，判该批产品合格。

**7.3.3** 生产企业进行的出厂检验或型式检验结果中如有一项指标不符合本标准要求时，应重新自同批次二倍量的包装袋中采取样品进行检验，重新检验结果中，即使有一项指标不符合本标准要求时，则判该批产品不合格。

## 8 标识和质量证明书

**8.1** 应在产品包装容器正面标明产品类别（如Ⅰ型、Ⅱ型、Ⅲ型）、配合式、有机质含量。

**8.2** 产品如含有硝态氮，应在包装容器正面标明“含硝态氮”。

**8.3** 氯离子的质量分数大于3.0%的产品，应根据4.2中的“氯离子的质量分数”，在包装容器的显著位置用汉字明确标注“含氯（低氯）”“含氯（中氯）”或“含氯（高氯）”，而不是“氯”“含Cl”或“Cl”等。标明“含氯”的产品，包装容器上不应有对氯敏感作物的图片，也不应有“硫酸钾（型）”“硝酸钾（型）”“硫基”“硝硫基”等容易导致用户误认为产品不含氯的标识。有“含氯（高氯）”标识的产品应在包装容器上标明“氯含量较高，使用不当会对作物和土壤造成伤害”的警示语。

**8.4** 产品外包装袋上应有使用说明，内容包括警示语、使用方法、适宜作物及不适宜作物、建议使用量等。

**8.5** 若在产品包装容器上标明本标准要求之外的肥料添加物可在包装容器上标明添加物名称、作用、含量及相应的检验方法标准。

**8.6** 可使用易于识别的二维码或条形码标注部分产品信息。

**8.7** 养分含量的标注应以总物料为基础标注，不得将包装容器内的物料拆分分别标注。

**8.8** 每袋净含量应标明单一数值，如 50kg。

**8.9** 每批检验合格的出厂产品应附有质量说明书，其内容包括：生产企业名称、地址、产品名称、产品类别、批号或生产日期、产品净含量、总养分、配合式、有机质含量、氯离子含量、钠离子含量、酸碱度（pH 值）和本标准编号。非出厂检验项目标注最近一次型式检验的检测结果。

**8.10** 其余应符合 GB 18382。

## 9 包装、运输和贮存

**9.1** 产品用塑料编织袋内衬聚乙烯薄膜袋或涂膜聚丙烯编织袋包装，在符合 GB/T 8569 规定的条件下宜使用经济实用型包装。产品每袋净含量（50±0.5）kg、（40±0.4）kg、（25±0.25）kg，平均每袋净含量应分别不低于 50.0kg、40.0kg、25.0kg。也可使用供需双方合同约定的其他包装规格。

**9.2** 在标明的每袋净含量范围内的产品中有添加物时，应与原物料混合均匀，不得以小包装形式放入包装袋中。

**9.3** 产品应贮存于阴凉干燥处，在运输过程中应防雨、防潮、防晒、防破裂。

ICS 65.080
G 20

GB

# 中华人民共和国国家标准

GB 38400—2019

# 肥料中有毒有害物质的限量要求

Limitation requirements of toxic and harmful substance in fertilizers

2019-12-17 发布　　2020-07-01 实施

国家市场监督管理总局
国家标准化管理委员会　发布

# 前　言

**本标准为全文强制。**

本标准按照 GB/T 1. 1—2009 给出的规则起草。

本标准由中华人民共和国工业和信息化部提出并归口。

本标准起草单位：上海化工研究院有限公司、全国农业技术推广服务中心、中农舜天生态肥业有限公司、中化化肥有限公司、江苏华昌化工股份有限公司、山东省产品质量检验研究院、云南省化工产品质量监督检验站、上海海关工业品与原材料检测技术中心、双赢集团生态科技有限公司、江苏省产品质量监督检验研究院、湖南省产品质量监督检验研究院、贵州省产品质量监督检验院。

本标准主要起草人：商照聪、田有国、孙鹰翔、岳清渠、闵凡国、刘刚、段路路、张娟、桂素萍、孟远夺、钟宏波、赵雨薇、王伟、陈红军、蓝森古、刘咏。

# 肥料中有毒有害物质的限量要求

## 1 范围

本标准规定了肥料中有毒有害物质的限量要求、试验方法和检验规则。

本标准适用于各种工艺生产的商品肥料。

## 2 规范性引用文件

下列文件对于本文件的应用是必不可少的。凡是注日期的引用文件，仅注日期的版本适用于本文件。凡是不注日期的引用文件，其最新版本（包括所有的修改单）适用于本文件。

GB/T 2441.2 尿素的测定方法 第2部分：缩二脲含量 分光光度法

GB 5085.1 危险废物鉴别标准 腐蚀性鉴别

GB 5085.2 危险废物鉴别标准 急性毒性初筛

GB 5085.3 危险废物鉴别标准 浸出毒性鉴别

GB 5085.4 危险废物鉴别标准 易燃性鉴别

GB 5085.5 危险废物鉴别标准 反应性鉴别

GB 5085.6 危险废物鉴别标准 毒性物质含量鉴别

GB/T 8170—2008 数值修约规则与极限数值的表示和判定

GB/T 19524.1 肥料中粪大肠菌群的测定

GB/T 19524.2 肥料中蛔虫卵死亡率的测定

GB/T 22924 复混肥料（复合肥料）中缩二脲含量的测定

GB/T 23349 肥料中砷、镉、铅、铬、汞生态指标

GB/T 31266 过磷酸钙中三氯乙醛含量的测定

GB/T 32952 肥料中多环芳烃含量的测定 气相色谱—质谱法

GB/T 35104 肥料中邻苯二甲酸酯类增塑剂含量的测定 气相色谱—质谱法

ISO 17318 肥料和土壤调理剂 砷、镉、铬、铅和汞含量的测定（Fertilizers and soil conditioners- Determination of arsenic, cadmium, chromium, lead and mercury contents)

ISO 18643　肥料和土壤调理剂　尿基肥料中缩二脲含量的测定 HPLC 法（Fertilizers and soil conditioners-Determination of biuret content of urea-based fertilizers-HPLC method）

## 3　术语和定义

下列术语和定义适用于本文件。

### 3.1　肥料 fertilizer

用于提供、保持或改善植物营养和土壤物理、化学性能以及生物活性，能提高农产品产量，或改善农产品品质，或增强植物抗逆性的有机、无机、微生物及其混合物料。

### 3.2　商品肥料 commercial fertilizer

以商品形式出售的肥料。

### 3.3　固体废物 solid waste

在生产、生活和其他活动中产生的丧失原有利用价值或者虽未丧失利用价值但被抛弃或者放弃的固态、半固态和置于容器中的气态的物品、物质以及法律、行政法规规定纳入固体废物管理的物品物质。

**注：**改写 GB 5085.7—2007，定义 3.1。

### 3.4　无机肥料 inorganic fertilizer

由提取、物理和/或化学工业方法制成的，标明养分呈无机盐形式的肥料。

**注：**硫黄、氰氨化钙、尿素及其缩缔合产品，习惯上归为无机肥料。（GB/T 6274—2016，定义 21.6）

## 4　要求

### 4.1　基本项目

表 1 中的项目为基本项目（必测项目），按本标准规定的试验方法进行检测判定后应符合表 1 要求。

**表 1　肥料中有毒有害物质的限量要求（基本项目）**

| 序号 | 项目 | 含量限值 | |
|---|---|---|---|
| | | 无机肥料 | 其他肥料[a] |
| 1 | 总镉 | ≤10mg/kg | ≤3mg/kg |

（续表）

| 序号 | 项目 | 含量限值 | |
|---|---|---|---|
| | | 无机肥料 | 其他肥料[a] |
| 2 | 总汞 | ≤5mg/kg | ≤2mg/kg |
| 3 | 总砷 | ≤50mg/kg | ≤15mg/kg |
| 4 | 总铅 | ≤200mg/kg | ≤50mg/kg |
| 5 | 总铬 | ≤500mg/kg | ≤150mg/kg |
| 6 | 总铊 | ≤2. 5mg/kg | ≤2. 5mg/kg |
| 7 | 缩二脲[b] | ≤1. 5% | ≤1. 5% |
| 8 | 蛔虫卵死亡率 | —[c] | 95% |
| 9 | 粪大肠菌群数 | —[c] | ≤100 个/g 或≤100 个/mL |

[a] 除无机肥料以外的肥料，有毒有害物质含量以烘干基计。
[b] 仅在标明总氮含量时进行检测和判定。
[c] 该指标不做要求。

## 4. 2 可选形目

表 2 中的项目为可选项目，当使用来源不明的废弃物为肥料原料及管理部门认为必要时，按本标准规定的试验方法进行检测判定后应符合表 2 要求。

**表 2 肥料中有毒有害物质的限量要求（可选项目）**

| 序号 | 项目 | 含量限值 | |
|---|---|---|---|
| | | 无机肥料 | 其他肥料[a] |
| 1 | 总镍 | ≤600mg/kg | ≤600mg/kg |
| 2 | 总钴 | ≤100mg/kg | ≤100mg/kg |
| 3 | 总钒 | ≤325mg/kg | ≤325mg/kg |
| 4 | 总锑 | ≤25mg/kg | ≤25mg/kg |
| 5 | 苯并［a］芘 | ≤0. 55mg/kg | ≤0. 55mg/kg |
| 6 | 石油烃总量[b] | ≤0. 25% | ≤0. 25% |
| 7 | 邻苯二甲酸酯类总量[c] | ≤25mg/kg | ≤25mg/kg |

（续表）

| 序号 | 项目 | 含量限值 | |
|---|---|---|---|
| | | 无机肥料 | 其他肥料[a] |
| 8 | 三氯乙醛 | ≤5.0mg/kg | —[d] |

[a] 除无机肥料以外的肥料，有毒有害物质含量以烘干基计。
[b] 石油烃总量为C6~C36总和。
[c] 邻苯二甲酸酯类总量为邻苯二甲酸二甲酯（DMP）、邻苯二甲酸二乙酯（DEP）、邻苯二甲酸二丁酯（DBP）、邻苯二甲酸丁基卞酯（BBP）、邻苯二甲酸二（2-乙基）己基质（DEHP）、邻苯二甲酸二正辛酯（DNOP）、邻苯二甲酸二异壬酯（DINP）、邻苯二甲酸二异癸酯（DIDP）八种物质总和。

**4.3 其他要求**

**4.3.1** 尚无国家标准或行业标准的肥料产品投放市场前，应按附录A进行陆生植物生长试验，且在一定暴露期间产生的不良改变与对照相比不大于25%作用浓度（$EC_{25}$）。

**4.3.2** 不应在肥料中人为添加对环境、农作物生长和农产品质量安全造成危害的染色剂、着色剂、激素等添加物。

**4.3.3** 依据GB 508.51~GB 5085.6进行鉴别，具有腐蚀性、毒性、易燃性、反应性等任何一种危险特性的固体废物不应直接施用到土壤中。其中依据GB 5085.3进行浸出毒性鉴别时，对铜（以总铜计）和锌（以总锌计）指标不做要求。

**5 试验方法**

**5.1 腐蚀性鉴别**

按GB 5085.1进行。

**5.2 急性毒性鉴别**

按GB 5085.2进行。

**5.3 浸出毒性鉴别**

按GB 5085.3进行。

**5.4 易燃性鉴别**

按GB 5085.4进行。

**5.5 反应性鉴别**

按GB 5085.5进行。

**5.6　毒性物质含量鉴别**

按 GB 5085.6 进行。

**5.7　总镉、总汞、总砷、总铅、总铬**

按 GB/T 23349 或 ISO 17318 进行，以 GB/T 23349 为仲裁法。

**5.8　总镍、总钴、总钒、总锑、总铊**

按附录 B 进行。

**5.9　缩二脲**

按 GB/T 22924 或 GB/T 24412 或 ISO 18643 进行，以 GB/T 22924 为仲裁法。

**5.10　苯并［a］芘**

按 GB/T 32952 进行。

**5.11　石油烃总量**

按 GB 5085.6 进行。

**5.12　邻苯二甲酸酯类总量**

按 GB/T 35104 进行。

**5.13　三氯乙醛**

按 GB/T 31266 进行。

**5.14　蛔虫卵死亡率**

按 GB/T 19524.2 进行。

**5.15　粪大肠菌群数**

按 GB/T 19524.1 进行。

**5.16　陆生植物生长试验**

按附录 A 进行。

**6　检验规则**

**6.1**　本标准中指标合格判定，采用 GB/T 8170—2008 中的“修约值比较法”。

**6.2**　采样和样品制备按相应的产品标准进行。

**6.3**　第 4 章中缩二脲按相应的产品标准规定确定检验项目分类，其他项目均为型式检验项目。

**6.4**　型式检验在下列情况时应进行：

a）在新产品投放市场前；

b）正式生产时，定期或积累到一定量后，每两年至少进行一次检验；

c）发生肥料质量事故和纠纷，进行调查时；

d）政府管理部门提出型式检验的要求时。

# 附录 A
## （规范性附录）
## 陆生植物生长试验

### A.1　受试物信息

受试物信息包括但不限于：水溶性、蒸汽压、结构式、有机溶剂中的溶解度、正辛醇/水的分配系数、吸收行为、纯度、在水和光中的稳定性、生物降解试验的结果。

### A.2　试验简介

#### A.2.1　试验目的

用于评价在一次性施用后，土壤中固态和液态的化学物质对植物幼苗和早期生长的潜在毒性效应。

#### A.2.2　试验原理

本附录用于评价在土壤中（或其他合适的土壤基质）施用供试品后对出苗和较高植物早期生长的影响。种子种入供试品处理过土壤中，在对照组出苗率达到50%后的14~21d内进行评价。终点测量是可见的出苗率、苗干重（也可为鲜重），某些情况下为苗高，也要评价植物不同部位上可见的有害的影响。这些测量和观察与未处理的对照进行比较。

根据可能的暴露途径，供试品混入土壤（或可能的人工土壤基质）或喷洒在土壤表面，这些途径要尽可能正确代表化学品潜在的暴露途径。土壤混合时先进行大量散土的混合，然后再装入盆中，将所选植物种子种入土壤中。表面施药时，先将土壤装入盆中，将种子种好，然后再喷药。试验体系（对照和处理土壤及种子）放在适合植物生长的环境中。

本附录可根据研究目的测定剂量-反应曲线，或单剂量/比率作为限度试验。如果单剂量/比率试验超出一定的毒性水平（例如观察到的效应高于 $x\%$），要进行范围筛选试验测定毒性高限和低限，再进行多剂量试验产生剂量-反应曲线。适当的统计分析方法分析获得最敏感参数的作用浓度 $EC_x$ 或有效施用率 $ER_x$（如：$EC_{25}$、$ER_{25}$、$EC_{50}$、$ER_{50}$）。同样无作用浓度（NOEC）和最低作用浓度（LOEC）也能计算出来。

### A.2.3 参比物

定期进行参考物质试验，以确认随着时间的推移试验性能及特定植物的反应和试验条件没有明显改变。可选的方法还有，实验室用以往的对照组生物量测定或生长测量来评价试验系统的性能，可以作为实验室内部质量控制。

### A.2.4 限度

本附录不能给出由受试物蒸发所造成的可能伤害结果，也未测定由于直接接触植物所产生的伤害。

## A.3 设备与材料

人工生长箱、温室或植物生长箱。生长容器应为塑料器皿或瓷盆钵。

## A.4 试验操作

### A.4.1 准备自然土/人工基质

可用含1.5%以上有机碳（有机质约3%）的沙壤土、壤质沙土或沙质黏壤土装入花盆，种入植物，含1.5%以上有机碳的商业盆栽土或合成混合土均可用。如果供试品黏土有很高的亲和力，则不可用黏土。耕地土应过2mm筛使之均一，并去除粗糙颗粒。最终准备土壤的类型和构造、有机碳、pH、盐含量和电导率报告。土壤应巴氏消毒或热处理消毒以减少土壤病菌的影响。

由于物理/化学特征和微生物群落的改变，自然土可能使结果的解释复杂化，增加变异性，这些变异依次为土壤持水能力、化学结合能力、通风、营养和微量元素含量。除了物理因素的变异外，在化学特性上的变异，如pH和氧化还原电位，可以影响供试品的生物可用性。

为尽可能减少自然土的变异性对试验带来的误差，当受试物不是植物保护产品时，可用人工基质代替自然土进行试验。所用基质应包含惰性物质，减少与供试品、溶剂载体或两者的相互反应，用酸洗过的石英砂、矿物丝和玻璃珠（如：直径0.35~0.85mm）是合适的惰性物质，可减少对供试品的吸收。保证供试品最大可能地经根吸收达到幼苗。不适合的基质包括蛭石、珍珠岩或其他高吸收性的材料。应提供植物生长所需的营养，以保证植物没有营养缺乏的压力，可通过化学分析或对照植物的可见评价进行评价。

### A. 4. 2 供试植物

选择植物的种类应考虑其在植物界中分类学上的多样性、分布特征、种的特定生活史和自然界分布地区差异，具体包括下列特征：

——有均一的种子，从可靠的标准种子来源获得，能产生持续、可靠和一致的萌芽，以及一致的幼苗生长；

——植物应适于在实验室进行试验，在实验室内及实验室之间能够得出可靠和可再现的结果；

——所用种的敏感性应与环境暴露中的植物反应一致；

——所选种已用以往的一些毒性试验，它们在如除草剂生物测定、重金属筛选、盐度或矿物压力试验或植物相克研究中的使用表明对宽泛多样性刺激存在敏感度；

——能够适应试验方法中的生长条件；

——符合试验有效性标准。

试验所用的种类数量根据相关的管理要求决定，附录 C 中的植物测试试验用物种供参考。

### A. 4. 3 供试品的施入

供试品应添加到适当的载体上（如：水、丙酮、乙醇、聚乙二醇、阿拉伯树胶、沙）。也可用包含有效成分和各种助剂的制剂进行试验。

### A. 4. 4 与土壤/人工基质的混合

溶于水或可悬浮在水中的物质可以直接配成水溶液，然后将水溶液与土在适当的容器中混合。此种类型试验适合化学品通过土壤或土壤毛细水吸收，涉及根的吸收。供试品添加量不应超过土壤持水力。每个浓度添加的溶液量应一致，但要注意避免土壤结块。

水溶性低的物质应先溶入适当的挥发性溶剂中（如：丙酮、乙醇）并与沙混合。用气流将溶剂从沙中去除。处理的沙子与试验土壤混合。设置只加沙子和溶剂的溶剂对照。各处理和溶剂对照应加等量的混入溶剂并已去除溶剂的沙子，对于固体和不溶干水的供试品，直接和干土混合。此后将土加入容器中，并立即种入种子。

用人工基质代替土壤时，在试验开始前可直接将溶于水的化学品溶解到营养液中。不溶于水，但可以通过溶剂载体悬浮于水中的，可加入载体，再溶于营养液中。不溶于水，但没有无毒的水溶性载体，可先溶于适当的挥发性溶剂。溶液与沙子或玻璃珠混合，在旋转蒸发仪上蒸发，使化学品均匀地覆着在沙粒或珠子上。在分装之前，取一部分称重的玻璃珠用等量溶剂提取，进行化学分析。

**A.4.5　表面施用**

对于作物保护产品，通常用土壤表面喷洒试验溶液的方法进行施药。进行试验操作的所有设备，包括准备和喷洒供试品的设备，都应使试验以精确的方式进行，能够产生可重现性覆盖。覆盖应均一分布在土壤表面。应避免化学品被设备吸收或与设备反应的可能（如：塑料管与亲脂性化学品易反应，或某些化学品对钢材质设备有腐蚀性）。模仿典型的喷雾器将供试品喷洒在土壤表面。通常，喷洒量应在正常农用量的范围内，用量（水的量等）应报告。选择喷嘴类型以保证均一的土壤表面覆盖量。如果应用溶剂和载体，应设置溶剂/载体对照。不必试验作物保护产品的制剂。

**A.4.6　供试品浓度/比率的验证**

浓度应经适当的分析方法验证。对于可溶性物质，所有浓度的验证可以通过分析用于逐级稀释的最高浓度来确认。用校准设备（如：校准分析用玻璃器具、校准喷雾设备）进行逐级稀释。对于不溶于水的物质，分析添加到土中的量。如果要证明供试品在土壤中的均一性，有必要进行土壤分析。

**A.4.7　试验条件**

试验条件应与试验种和变种的正常生长条件相似。出苗的植物应放在可控的气候培养箱、人工气候箱或温室中进行园艺操作维持正常生长。采用生长设备时，应保证植物正常生长，并与对照组对照；应记录包括条件控制和足够频率（如：每日）的温度、相对湿度、二氧化碳浓度、光（照度、波长、光合有效辐射）/光周期、平均灌溉量等参数，温室温度通过通风、升温和/或制冷系统来控制。下列条件通常为温室试验的推荐条件：

——温度：(22±10)℃；

——相对湿度：(70±25)%；

——光周期：最少 16h 光照；

——照度：（24 850±3 550） lx。如果照度降到 14 200lx 以下，波长 400~700nm，除某些种需减少照度外，需补充光照。

试验期间应监测和记录环境条件。试验所用容器应为无孔塑料或玻璃容器，容器下面应垫上托盘或碟子。容器应定期重新摆放以减少植物的生长差异（因为生长设施的试验条件不同）。容器应足够大以保证正常生长。

为维持好的植物活力，可以添加土壤营养液。通过观察对照植物判断添加营养液的需要和时机。推荐从试验容器底部浇水（如：用玻璃纤维丝）。

对试验植物种和供试品来说，特定的生长条件是适合的（参见附录 D）。对照和试验组植物应放置在一样的试验环境条件下。然而，应采取必要的措施防止不同处理间及对照与供试品间的交叉污染（如挥发物质）。

### A.4.8 试验操作

#### A.4.8.1 试验设计

同样种类的种子种植于容器中。每个容器中种入的种子数目应根据植物种类、容器大小和试验周期决定。试验期间给植物提供充分的生长条件，避免过于拥挤。根据种子大小，最大的植株密度为 3~10 粒/100cm$^2$。例如，每个直径为 15cm 的容器内，可种 1~2 株玉米、大豆、西红柿、黄瓜或甜菜；可种 3 株油菜或豌豆；可种 5~10 株洋葱、小麦或其他小粒种子。种子数量和重复容器（一个重复指一个容器，容器内的植物不是重复）应足以采用理想的统计分析方法进行统计。每个重复用很少的大种子比每个重复用小种子时变异会较大，应标记。可以通过每个容器内同样数量的种子降低变异。

设置对照组保证观察到的效应与暴露的供试品有关或由供试品引起。除了不暴露于供试品外，适当的对照组应与试验组在各方面都一样。所有被试植物包括对照均应来自同一来源。为避免偏离，对照和试验组植物应随机分布。

应避免使用杀虫剂或杀菌剂包被的种子（即“包衣”种子）。特殊情况下允许使用某些非内吸性接触杀菌剂（如：克菌丹、福美双)。如果有种生病菌，可以把种子在5%次氯酸盐中浸一下，然后在流水下漂洗再晒干。允许其他作物保护产品的非治疗性处理。

### A.4.8.2　单浓度/比率试验

进行单浓度试验（限度试验）时，未确定适当供试品浓度，需要考虑很多因素。对一般化学品来说，应考虑物质的物理/化学特性。对作物保护产品而言，需要考虑物理/化学特性、供试品的使用模式、最大浓度或施用比率、每个生长季节施用次数和/或试用品的持久性。为测定一般化学品是否有植物毒素特性，通常以1 000mg/kg干土作为最大剂量。

### A.4.8.3　预试验

进行正式的多浓度的剂量反应研究前，需先进行预试验确定剂量范围。预试验的浓度间距应较宽（如：0.1mg/kg、1.0mg/kg、10mg/kg、100mg/kg和1 000mg/kg干土）。作物保护产品的浓度应根据推荐或最大使用浓度或施用比率确定，如推荐/最大浓度或施用比率的1/100、1/10和1/1。

### A.4.8.4　多浓度/比率试验

多浓度/比率试验的目的是建立剂量反应关系和测定萌芽率、生物量的$EC_x$或$ER_x$值和/或与未给药的对照组比较的可观察效应。

试验浓度/比率的数量和间距应足够产生可信的剂量反应关系和回归线性方程并能得出估计的$EC_x$或$ER_x$值。所选浓度数量至少五个几何级数并加上对照，相邻的两个浓度梯度不应超过3个几何级。每个处理和对照均至少有四个平行，总的种子数应至少20粒。对某些萌芽率低的植物或多样化的生长特征的植物，增加平行数提高统计效力。

### A.4.8.5　观察

在观察期内，即对照（溶剂对照）出苗率达到50%后的14～21d内，定期（至少1周，若可能每日）观察植物是否出苗和可见的植物中毒死亡。在试验结束时，记录出苗率、存活植物的生物量和植物不同部位可见的毒害效应。后者包括已出幼苗形态上的异常、生长迟缓、枯萎、变色、死亡和植物发育上的影响。最终生物量通过测定最终存活植株的平均苗干重完成，收割土壤表面以上的植株，在60℃

烘干至恒定的质量。也可选择以鲜重作为最终生物量。如有特殊要求，苗高可作为另一个重点指标。可用一个统一的评分系统对可见的伤害进行评分来评价可观察的毒性反应。

### A.5 质量控制

为保证试验的有效性，对照应符合下列形态标准：

——出苗率至少 70%；

——幼苗没有可见的植物毒素影响（如：变色病、坏死病、枯萎、叶子和茎的畸形），个别种类的植株在生长和形态上只有正常变异；

——试验期间，对照组幼苗平均存活率应高于 90%；

——特定种类的环境条件应一样，生长介质包含等量的人工土壤基质、支持介质或同样来源的物质。

### A.6 数据和报告

#### A.6.1 数据处理

##### A.6.1.1 单浓度/比率试验

每个植物种的数据都应用适当的统计方法进行分析。报告试验浓度/比率产生的效应水平，或试验浓度/比率下未见效应（如在 $y$ 浓度或比率观察的效应 $<x\%$）。

##### A.6.1.2 多浓度/比率试验

根据回归方程剂量-反应关系，可用不同的模型，如：出苗率等计数型数据 $EC_x$ 或 $ER_x$（如：$EC_{25}$、$ER_{25}$、$EC_{50}$ 或 $ER_{50}$）和置信限的估算可用逻辑回归法、概率法、韦博法、寇氏法进行统计；幼苗生长（质量和高度）等连续型终点指标 $EC_x$ 或 $ER_x$ 和可信限的估算可用适当的回归分析（如：Bruce-Versteeg 非线性回归分析）。如果可能，R 值为 0.7 或再高些，对多数敏感种来说，所设浓度/比率包含 20% 和 80% 效应。如果要求 NOEC，要求有更强大的分析性试验，并且要在数据分布基础上选择。

#### A.6.2 试验报告

试验报告应包括试验结果，试验条件的详细描述、结果的全面讨论、数据的分析和结果分析。提供结果图表和摘要。通常包括下列内容：

a）供试品：

——化学鉴定数据，相关物质特性（如：正辛醇/水的分配系数 $lgP_{ow}$、水溶解度、蒸汽压、环境归宿和行为的信息）；

——试验溶液的制备细节和试验浓度的验证。

b）试验植物种：

——试验生物的详细资料：种/亚种、所属植物科、学名和通用名、尽可能详细的来源和历史（即提供者的名称、萌芽率、种子尺寸级别、批号、产种年或选择的生长季节、萌芽期等级）、生存力等；

——所试验的单子叶和双子叶种的数量；

——选择此种的理由；

——种子贮存、处理和维护的描述。

c）试验条件：

——试验设施（如：生长箱、人工气候箱和室温）；

——试验系统的描述（如：容器直径、容器材料和土壤量）；

——土壤特性（土壤质地或类型：土壤颗粒分布和分级、物理化学特征，包括有机物含量、有机碳含量和 pH 值）；

——试验前土壤/基质（如：土壤、人工土壤、沙子和其他）的制备；

——若用营养液，配方描述；

——供试品的施用：施用方法、设备、暴露承载量和体积（包括化学验证、校准方法）、施药期间环境条件的描述；

——生长条件：照度、光周期、最高/最低温度、浇水时间表和方法、施肥；

——每个容器内的种子数量、每个剂量植株数、每个暴露率的重复数；

——对照的类型和数量（阴性对照和/或阳性对照、溶剂对照）；

——试验周期。

d）结果：

——每个重复、试验浓度/比率和种子的所有终点数据表；

——与对照比较的萌芽数量和萌芽率；

——植株生物量（植株干重或鲜重）测定值与对照比率；

——若测量，植株高度与对照的比率；

——与对照比较的由供试品引发的可见的伤害率和可见的定性定量描述（黄化、坏死、枯萎、叶和茎的畸形、缺乏症）；

——如果提供可见伤害评分标准，判断可见伤害描述；

——对于单剂量试验，应报告伤害率；

——$EC_x$或$ER_x$（如：$EC_{50}$、$ER_{50}$、$EC_{25}$、$ER_{25}$）值和相关置信限，如果有回归分析，提供回归方程标准偏差，单个参数估计标准偏差（如：斜率、截距）；

——若计算，NOEC（和LOEC）值；

——统计过程和假设检验的描述；

——数据表和试验种的剂量-反应关系图。

试验过程中与方法的偏离和试验中不可预见的情况的描述。

# 附录 B
## (规范性附录)
## 肥料中总镍、总钴、总钒、总锑、总铊含量的测定 电感耦合等离子体发射光谱法

警示——本附录中所用的盐酸具有腐蚀性，硝酸具有腐蚀性和氧化性，试验人员应进行适当防护。本附录并未指出所有可能的安全问题。使用者有责任采取适当的安全和健康措施，并保证符合国家有关法规规定的条件。

**B.1　方法提要**

试样中的总镍、总钴、总钒、总锑、总铊用王水消化提取，电感耦合等离子体发射光谱法进行测定。当存在锰及其他元素干扰测定时，总铊的测定采用王水溶样，甲基异丁基甲酮萃取富集后，将萃取液蒸干，残渣用硝酸消解，用电感耦合等离子体发射光谱法进行测定。

**B.2　试剂**

**B.2.1**　硝酸：优级纯。

**B.2.2**　10%硝酸溶液：1 体积的硝酸与 9 体积的水混合。

**B.2.3**　盐酸：优级纯。

**B.2.4**　盐酸溶液：1+1。

**B.2.5**　碘化钾-抗坏血酸溶液：称取 30g 碘化钾和 20g 抗坏血酸于烧杯中，加水溶解，转移至 100mL 容量瓶中，用超纯水定容，混匀。

**B.2.6**　甲基异丁基甲酮：分析纯。

**B.2.7**　镍、钴、钒、铊元素标准储备液：1.000g/L，有证标准物质。

**B.2.8**　高纯氩气：含量≥99.999%。

**B.3　仪器和材料**

**B.3.1**　通常实验室用仪器。

**B.3.2**　电感耦合等离子体发射光谱仪。

**B.3.3**　试验筛，孔径为 0.50mm。

## B.4 试验方法

### B.4.1 试样制备

研磨实验室样品，直至样品颗粒均小于0.50mm，混匀，置于洁净、干燥的瓶中。

### B.4.2 试样溶液的制备

**B.4.2.1** 总镍、总钴、总钒、总锑试样溶液的制备

称取试样0.5~5g（精确至0.000 1g）于100mL烧杯中，用少量水润湿，加入15mL盐酸和5mL硝酸，盖上表面皿，在低温电热板上加热至沸，保持微沸15min，稍微移开表面皿继续加热，使酸全部蒸发至近干涸，以赶尽硝酸。冷却后加入20mL盐酸溶液（B.2.4），加热溶解，冷却至室温后转移至100mL容量瓶中，用水稀释至刻度，混匀，干过滤，弃去最初几毫升滤液，待用。

**B.4.2.2** 总铊试样溶液的制备

称取试样5g（精确至0.000 1g）于100mL烧杯中，用少量水润湿加入15mL盐酸和5mL硝酸。盖上表面皿，在低温电热板上加热至沸，保持微沸15min，若试料溶解清亮无残渣，按a）进行；若试料不能完全溶解，按b）进行。

a）稍微移开表面继续加热，使酸蒸发至近干涸。稍冷后加入5mL盐酸溶液（B.2.4），并加热使残渣溶解。冷却至室温，转移至25mL比色管中，控制溶液体积约15mL。加入3mL碘化钾-抗坏血酸溶液，摇匀，加入5mL甲基异丁基甲酮，振荡萃取2min，静置15min后，用滴管小心取出大部分有机相置于50mL烧杯中，按照同样操作各加入4mL甲基异丁基甲酮继续萃取2次，合并有机相，将烧杯置于沸水浴上蒸干。向烧杯中加入5mL硝酸，在电执板上加热消解并蒸发至溶液体积小于1mL（溶液不能蒸干），冷却至室温，转移至10mL容量瓶中，定容，摇匀，待用。若试液浑浊，于测定前过滤。

b）稍微移开表面皿继续加热，待溶液约为10mL时，取下，冷却，转移至50mL容量瓶中，定容，混匀，干过滤，弃去前10mL滤液。准确移取20mL滤液于50mL比色管中，加入3mL碘化钾-抗坏血酸溶液，摇匀，加入5mL甲基异丁基甲酮，振荡萃取2min，静置15min后，用滴管小心取出大部分有机相置于50mL烧杯中，按照同

样操作各加入4mL甲基异丁基甲酮继续萃取2次，合并有机相，将烧杯置于沸水浴上蒸干。向烧杯中加入5mL硝酸，在电热板上加热消解并蒸发至溶液体积小于1mL（溶液不能蒸干），冷却至室温，转移至10mL容量瓶中，定容，摇匀，待用。若试液浑浊，于测定前过滤。

**B.4.3　空白溶液的制备**

除不加试样外，其他步骤同试样溶液的制备。

**B.4.4　工作标准溶液的配制**

取适量各元素的标准储备液，经逐级稀释并用10%硝酸溶液（B.2.2）定容，按表B.1配制混合离子标准溶液系列。

**表B.1　混合离子标准溶液质量浓度**　　单位为μg/mL

| 元素 | 镍 | 钴 | 钒 | 锑 | 铊 |
|---|---|---|---|---|---|
| 标0 | 0.00 | 0.00 | 0.00 | 0.00 | 0.00 |
| 标1 | 0.02 | 0.02 | 0.02 | 0.02 | 0.02 |
| 标2 | 0.1 | 0.1 | 0.1 | 0.1 | 0.05 |
| 标3 | 0.5 | 0.5 | 0.5 | 0.5 | 0.1 |
| 标4 | 1.0 | 1.0 | 1.0 | 1.0 | 0.3 |
| 标5 | 2.0 | 2.0 | 2.0 | 2.0 | 0.5 |

## B.5　测定

做两份试料的平行测定。

进行测定前，根据待测元素性质，参照仪器操作说明书，进行最佳工作条件选择。在选定的仪器工作条件下，按照浓度由低至高依次测定标准溶液系列，绘制标准曲线。同样条件下测量空白溶液、样品溶液。根据标准曲线，仪器给出样品溶液中待测元素的浓度值。

各元素的推荐波长为：镍231.604nm、钴228.616nm、钒310.230nm、锑206.833nm、铊190.856nm。

## B.6　分析结果的表述

各元素含量$\omega_1$，单位为毫克/千克（mg/kg），按式（B.1）计算：

$$\omega_1 = \frac{(\rho - \rho_0)VD}{m} \tag{B.1}$$

式中 $\rho$——试样溶液中被测元素质量浓度的数值，单位为微克/毫升（μg/mL）；

$\rho_0$——空白溶液中被测元素质量浓度的数值，单位为微克每毫升（μg/mL）；

$V$——测定时试样溶液体积的数值，单位为毫升（mL）；

$D$——测定时试样溶液稀释倍数的数值；

$m$——试料质量的数值，单位为克（g）。

计算结果表示到小数点后两位，取平行测定结果的算术平均值为测定结果。

**B.7　允许差**

平行测定结果的相对偏差不大于30%。

不同实验室测定结果的相对偏差不大于50%。

**B.8　检出限**

镍(Ni)：0.03mg/kg。钴(Co)：0.03mg/kg。钒(V)：0.002mg/kg。锑(Sb)：0.06mg/kg。铊(Tl)：采用B.4.2.2 a）步骤时，为0.01mg/kg；采用B.4.2.2 b）步骤时，为0.03mg/kg。

# 附录 C
## (资料性附录)
## 植物测试试验用物种

表 C.1 给出了植物测试试验用物种。

表 C.1　植物测试试验用物种

| 科名 | 学名 | 推荐物种 |
| --- | --- | --- |
| 双子叶植物亚纲 | | |
| 伞形科 Apiaceae（Umbelliferace） | *Daucus carota* | 胡萝卜 |
| 菊科 Asteraceae（Compositae） | *Helianthus annuus* | 向日葵 |
| 菊科 Asteraceae（Compositae） | *Lactuca sativa* | 莴苣 |
| 十字花科 Brassicaceae（Cruciferae） | *Simapis alba* | 白芥 |
| 十字花科 Brassicaceae（Cruciferae） | *Brassica campestris var. chinesis* | 大白菜 |
| 十字花科 Brassicaceae（Cruciferae） | *Brassica nappus* | 油菜 |
| 十字花科 Brassicaceae（Cruciferae） | *Brassica oleracea var. capitata* | 卷心菜 |
| 十字花科 Brassicaceae（Cruciferae） | *Brassica rapa* | 芜菁 |
| 十字花科 Brassicaceae（Cruciferae） | *Lepidium sativum* | 小白菜 |
| 十字花科 Brassicaceae（Cruciferae） | *Raphanus sativus* | 小萝卜 |
| 藜科 Chenopodianceae | *Beata vulgaris* | 甜菜 |
| 葫芦科 Cucurbitaceae | *Cucumis sativus* | 黄瓜 |
| 豆科 Fabaceae（Leguminosae） | *Glycine max*（*G. soja*） | 大豆 |
| 豆科 Fabaceae（Leguminosae） | *Phaseolus aureus* | 绿豆 |
| 豆科 Fabaceae（Leguminosae） | *Phaseolus vulgaris* | 菜豆 |
| 豆科 Fabaceae（Leguminosae） | *Pisum sativum* | 豌豆 |
| 豆科 Fabaceae（Leguminosae） | *Trigonella foenum-graecum* | 葫芦巴 |
| 豆科 Fabaceae（Leguminosae） | *Lotus corniculatus* | 白三叶草 |
| 豆科 Fabaceae（Leguminosae） | *Trifolium pratense* | 红三叶草 |
| 豆科 Fabaceae（Leguminosae） | *Vicia sativa* | 野豌豆 |
| 亚麻科 Linaceae | *Linum usitatissimum* | 亚麻 |
| | *Fagopyrum esculentum* | 荞麦 |

（续表）

| 科名 | 学名 | 推荐物种 |
| --- | --- | --- |
| 茄科 Solanaceae | *Solanum lycopersicon* | 番茄 |
| 单子叶植物亚纲 | | |
| 百合科 Liliaceae（Amarylladaceae） | *Allium capa* | 洋葱 |
| 禾本科 Poaceae（Gramineae） | *Avena sativa* | 燕麦 |
| 禾本科 Poaceae（Gramineae） | *Hordeum vulgare* | 大麦 |
| 禾本科 Poaceae（Gramineae） | *Lolium perenne* | 黑麦草 |
| 禾本科 Poaceae（Gramineae） | *Oryza sativa* | 水稻 |
| 禾本科 Poaceae（Gramineae） | *Secale cereale* | 黑麦 |
| 禾本科 Poaceae（Gramineae） | *Sorghum bicolor* | 高粱 |
| 禾本科 Poaceae（Gramineae） | *Triticum aestium* | 小麦 |
| 禾本科 Poaceae（Gramineae） | *Zea mays* | 玉米 |

## 附录 D
## （资料性附录）
## 陆生植物生长试验中定义特定物种合适的生长条件举例

以下条件适合于下列 10 种作物物种在培养箱中测试：

——二氧化碳体积分数：$350\times10^{-6}\pm50\times10^{-6}$；

——相对湿度：光周期内相对湿度约为（70±5）%，暗周期内相对湿度约为（90±5）%；

——温度：白天 25℃±3℃，黑夜 20℃±3℃；

——光周期：16h 光/8h 暗，光波长为 700nm；

——光照度：24850lx±3550lx，测试培养箱顶部。

10 种作物物种为：

——番茄（*Solanum lycopersicon*，茄属）；

——黄瓜（*Cucumis sativus*，黄瓜属）；

——莴苣（*Lactuca sativa*，莴苣属）；

——大豆（*Glycine max*，大豆属）；

——卷心菜（*Brassica oleracea* var. *capitata*，芸薹属）；

——胡萝卜（*Daucus carota*，胡萝卜属）；

——燕麦（*Avena sativa*）；

——黑麦草（*Lolium perenne*，黑麦草属）；

——玉米（*Zea mays*）；

——洋葱（*Allium cepa*）。

## 参考文献

[1] GB 5085.7—2007　危险废物鉴别标准　通则
[2] OECD Guideline for Testing of Chemical，208 Terrestrial Plant Test：Seedling Emergence and Seeding Growth Test.

ICS 65.080
G 20

GB

# 中华人民共和国国家标准

GB 18382—2021
代替 GB 18382—2001

# 肥料标识　内容和要求

Fertilizer marking-Presentation and declaration
（ISO 7409：2018，Fertilizers-Marking-Presentation and declarations，NEQ）

**2021-04-30 发布**　　**2022-05-01 实施**

国家市场监督管理总局
国家标准化管理委员会　发布

# 前　言

本标准按照 GB/T 1.1—2009 给出的规则起草。

本标准代替 GB 18382—2001《肥料标识 内容和要求》与 GB 18382—2001 相比主要技术变化如下：

——修改了范围（见第 1 章）；

——修改了术语和定义的顺序，增加了掺混肥料（见 3.7）、中量元素肥料（见 3.8）、微量元素肥料（见 3.9）、肥料养分（见 3.11）、有机肥料（见 3.10）、删除了包装肥料、缓效肥料、包膜肥料、复混肥料、有机-无机复混肥料、肥料品位等术语（见 2001 年版的 3.3、3.6、3.7、3.8、3.10、3.15 等）；

——修改了基本原则（见第 5 章）、一般要求（见第 6 章）、标识内容及要求（见第 7 章）和标识印刷（见第 10 章）；

——细化了质量证明书和合格证的规定（见第 9 章）。

本标准使用重新起草法参考 ISO 7409：2018《肥料 标识 内容和要求》编制，与 ISO 7409：2018 的一致性程度为非等效。

本标准由中华人民共和国工业和信息化部提出并归口。

本标准所代替标准的历次版本发布情况为：

——GB 18382—2001。

# 肥料标识　内容和要求

## 1　范围

本标准规定了肥料标识的术语和定义、原理、基本原则、一般要求、标识内容及要求、标签、质量证明书或合格证、标识印刷。

本标准适用于国内销售的肥料，不适用于生产者按照合同为用户特制的不在市场流通的产品。

## 2　规范性用文件

下列文件对于本文件的应用是必不可少的。凡是注日期的引用文件，仅注日期的版本适用于本文件。凡是不注日期的引用文件，其最新版本（包括所有的修改单）适用于本文件。

GB 190　危险货物包装标志

GB/T 191　包装储运图示标志

GB/T 6274—2016　肥料和土壤调理剂　术语

GB/T 18455　包装回收标志

GB/T 32741—2016　肥料和土壤调理剂　分类

定量包装商品计量监督管理办法（国家质量监督检验检疫总局2005年第75号令）

## 3　术语和定义

GB/T 6274界定的以及下列术语和定义适用于本文件。

### 3.1　肥料 fertilizer

提供、保持或改善植物营养和土壤物理、化学性能以及生物活性，能提高农产品产量，或改善农产品品质，增强植物抗逆能力的有机、无机、微生物及其混合物料。

### 3.2　标识 marking

用于识别肥料产品及其质量、数量、特征、特性和使用方法所做的各种表示。

**注**：标识可用文字、符号、图案以及其他说明物等表示。标识的

形式包括外包装标识、合格证、质量证明书、使用说明、标签或电子标签等。

**3.3　容器 container**

直接与肥料相接触并可按其单位量运输或贮存的密闭贮器。

**注**：容器通常为袋、瓶、槽、桶等。个别国家把超大尺寸包装的产品称为散装。

**3.4　标签 label**

提供识别肥料和了解其主要性能而附以必要资料的纸片、塑料片、包装袋、容器等的印刷部分以及相关信息。

**3.5　单一肥料 straight fertilizer**

氮、磷、钾三种养分中，仅具有一种养分标明量的氮肥、磷肥或钾肥。

**3.6　复合肥料 compound fertilizer；complex fertilizer**

氮、磷、钾三种养分中，至少有两种养分标明量的由化学方法和（或）掺混方法制成的肥料。

**3.7　掺混肥料 bulk blending fertilizer BB肥**

氮、磷、钾三种养分中，至少有两种养分标明量的由干混方法制成的颗粒状肥料。

**3.8　中量元素肥料 secondary nutrient（element）fertilizer**

标明了钙、镁、硫中的至少一种元素的含量，未标明氮、磷、钾含量的肥料。

**3.9　微量元素肥料 micronutrient fertilizer**

含有一种或多种微量元素，未标明氮、磷、钾、钙、镁或硫含量的肥料。

**3.10　有机肥料 organic fertilizer**

主要来源于植物和（或）动物，经过发酵腐熟的含碳有机物料。

**注**：有机肥料的功能是改善土壤肥力、提供植物营养、提高作物品质。

**3.11　肥料养分 fertilizer nutrient**

肥料提供的植物生长发育所需要的营养元素。

**3.12　大量元素 macronutrient**

**主要养分 primary nutrient**

对元素氮、磷、钾的通称。

**3.13　中量元素 secondary element**

**次要养分 secondary nutrient**

对元素钙、镁、硫的通称。

**3.14　微量元素 trace element**

**微量养分 micronutrient**

植物生长所必需的、但相对来说是少量的元素，包括硼、锰、铁、锌、铜、钼或氯等。

**3.15　配合式 formula**

按 $N-P_2O_5-K_2O$（总氮—有效五氧化二磷—氧化钾）顺序，用阿拉伯数字分别表示其在二元/三元肥料中所占百分比含量的一种方式。

**注：**“0”表示肥料中不含该元素。

**3.16　标明量 declarable content**

**标明值**

在产品标签或质量证明书上标明的对各技术项目的承诺值。

**3.17　总养分 total primary nutrient**

总氮、有效五氧化二磷和氧化钾含量之和，以质量分数计。

**4　原理**

规定标识的主要内容及规定出肥料包装容器上的标识尺寸、位置、文字、图形等大小，以使用户鉴别肥料并确定其特性。这些规定因所用的容器不同而异，

——装大于或等于 25kg（或 25L）肥料的；

——装大于或等于 5kg、且小于 25kg（或大于等于 5L、且小于 25L）肥料的；

——装小于 5kg（或 5L）肥料的。

**5　基本原则**

**5.1**　标识所标注的所有内容，应符合相关标准规定。

**5.2**　标识所标注的所有内容，应遵真实原则，准确、科学，并通俗

易懂。

5.3　标识所标注的所有内容，不应以错误的、欺骗性的、夸大的、不实的或引起误解的方式描述或介绍肥料。若声明除提供养分外的其他作用，应有充分可信的证据。

5.4　标识所标注的所有内容，不应以直接或间接暗示性的语言、图形符号导致用户将肥料或肥料的某一性质与另一肥料相混淆，不应含有导致用户将不同公司产品混淆的标识内容。

## 6　一般要求

### 6.1　总体要求

标识所标注的所有内容，应清晰、牢固，与基底反差大、易于识别。

### 6.2　文字

标识中的文字应使用规范汉字（养分名称可以用化学元素符号或分子式表示），可以同时使用同义的少数民族文字、外文，外文字体应小于相应汉字和少数民族文字。

应使用法定计量单位。

### 6.3　图示

应符合 GB 190 和 GB/T 191 的规定。

### 6.4　颜色

肥料标识使用的颜色应醒目、突出、易于迅速识别。图案的颜色应不妨碍对标识文字快速辨识。

### 6.5　耐久性和可用性

标识内容应保证在产品的可预计流通及使用期内的耐久性，并保持清晰可见。

## 7　标识内容及要求

### 7.1　肥料名称及商标

#### 7.1.1　通用名称（标准名称）

标明执行国家标准、行业标准、地方标准的产品按相应标准中的规定标注通用名称。标明执行团体标准、企业标准的产品，通用名称应使用 GB/T 32741—2016 的“4.1 按养分分类”中相对应的类别名称，或使用 GB/T 6274—2016 的“2.2 产品术语”中相对应的产品名称。需要肥料登记管理的产品按已取得的有效登记的名称标注。

**7.1.2 商品名称**

如标注商品名称（或者特殊用途的肥料名称），不应引起用户、消费者误解和混淆。已获登记的肥料产品，按有效登记批准的名称标注。商品名称仅可在通用名称（标准名称）下以小于通用名称的字体（见10.1.3）予以标注。商品名称应以文字标注，不应以图案标注，如含有修饰性词语，应符合相应国家标准、行业标准、地方标准要求。

**7.1.3 名称中的禁用语**

肥料名称（包括商品名称）中不应带有不实、夸大性质的词语及谐音，包括但不限于：高效、特效、全元、多元、高产、双效、多效、增长、促长、高肥力、霸、王、神、灵、宝、圣、活性、活力、强力、激活、抗逆、抗害、高能、多能、全营养、保绿、保花、保果等。与肥料名称标注在同一行的内容（包括文字和图案）也应符合本条要求。

**7.1.4 商标**

所标注的带标记的商标应为经注册登记的合法商标。

**7.2 肥料规格、等级和净含量**

**7.2.1** 肥料产品标准中已规定规格、等级、类别的，应标明相应的规格、等级、类别。若仅标明养分含量，则视为产品质量全项技术指标符合养分含量所对应的产品最高等级要求。

**7.2.2** 肥料产品单件包装上应标明净含量。净含量标注应符合《定量包装商品计量监督管理办法》的要求。

**7.2.3** 一个包装容器上只能标注一个净含量。

**7.3 养分含量**

**7.3.1 通用规定**

**7.3.1.1** 应以单一数值标明养分的含量，固体产品用质量分数（%）计、液体产品用质量分数（%）或质量浓度（g/L）计。

**7.3.1.2** 氮含量以N计，磷含量以$P_2O_5$计，钾含量以$K_2O$计，中量元素和微量元素以元素单质计。

**7.3.1.3** 养分含量应以单一包装声明净含量的总物料为基础计算并

标明，不应将包装容器内的物料拆分标注养分含量（如黑粒中有机质20%，灰粒中总养分25%）。

**7.3.1.4** 不应以“总有效成分”“总含量”“总指标值”等与总养分相混淆。

**7.3.2　单一肥料**

**7.3.2.1** 应标明单一养分的含量（以质量分数计）。

**7.3.2.2** 若加入中量元素、微量元素，可标明中量元素、微量元素（以元素单质的质量分数计，下同），应按中量元素、微量元素两种类型分别标明各单养分含量及各自相应的总含量，不得将中量元素、微量元素含量与主要养分相加。微量元素的质量分数低于0.02%或（和）中量元素的质量分数低于2.0%的不得标明（产品的国家标准或行业标准中另行规定的除外）。

**7.3.3　复合肥料和掺混肥料**

**7.3.3.1** 应标明总养分的含量（以质量分数计），总养分标明值应不低于配合式中单养分标明值之和，不得将其他元素或化合物计入总养分。

**7.3.3.2** 应以配合式分别标明总氮、有效五氧化二磷、氧化钾的质量分数，如氮磷钾复合肥料15-15-15。二元肥料应在不含单养分的位置标以“0”，如氮钾复合肥料15-0-10。

**7.3.3.3** 若加入中量元素、微量元素，可标明中量元素、微量元素，标注的要求见7.3.2.2。

**7.3.4　中量元素肥料**

**7.3.4.1** 应分别单独标明各中量元素养分含量及标明的中量元素养分含量之和。含量小于4.0%的单一中量元素不得标明。

**7.3.4.2** 若加入微量元素，可标明微量元素，应分别标明各微量元素的含量及标明的微量元素总含量，不得将微量元素含量与中量元素相加。微量元素的质量分数低于0.02%的不得标明。标识中表明或暗示。

含有某一微量元素的，视为此微量元素的质量分数不低于0.02%。

7.3.5 微量元素肥料

应分别标明各种微量元素的单一含量及微量元素养分含量之和。

7.3.6 有机肥料

应标明有机质含量、总养分含量。

7.3.7 其他肥料

标明执行国家标准或行业标准的产品按照 7.3.1～7.3.6 标注；标明执行团体标准或企业标准的产品按肥料登记批准的养分指标标注。

7.4 其他添加物含量

7.4.1 若加入其他添加物，生产者应有足够证据证明添加物安全有效。

7.4.2 可标明其他添加物的名称和含量，应分别标明各添加物的含量，不得将添加物含量与养分相加。

7.5 限量物质及指标

7.5.1 产品标准中规定需要限制并标明的物质或元素等应单独标明。

7.5.2 不应标注元素敏感或忌用作物的图案。

7.5.3 警示语应按规定字号以显著方式标明。示例 1 至示例 3 给出了警示语的具体例子。

**示例 1**：氯含量较高，使用不当会对作物造成伤害。

**示例 2**：含缩二脲，使用不当会对作物造成伤害。

**示例 3**：氯含量较高、含缩二脲，使用不当会对作物造成伤害。

7.6 生产许可证编号、肥料登记证编号

实行生产许可、肥料登记管理的产品，应根据有关规定标明相应有效的标记和编号。

7.7 生产者和/或经销者的名称、地址

7.7.1 应标明经依法登记注册并能承担产品质量责任的生产者和/或经销者和/或进口商的名称、地址。

7.7.2 生产者和/或经销者和/或进口商的名称中不得含有其他肥料企业的名称或合法商标的字样，地址的标注不应与有关法律法规相矛盾。

7.7.3 进口产品还应标注原产国/地区名称，进口商名称和地址均不应使用简称。

**7.8　生产日期或批号、进口合同号**

**7.8.1**　国产产品应在产品合格证、质量证明书、产品外包装上或用易于识别的电子信息（二维码、条形码）的方式标明肥料产品的生产日期或批号。

**7.8.2**　进口产品应标注进口合同号。

**7.8.3**　通过国产产品的生产日期或批号，或进口产品的进口合同号，应可追溯产品质量检验的结果。

**7.8.4**　仅在产品标准中要求标明有效期或保质期时，应标明有效期或保质期。限期使用的产品应同时标注生产日期和有效期（保质期）。

**注：**绝大多数肥料产品，包括但不限于复合肥料、掺混肥料、磷酸一铵、磷酸二铵、硝酸磷钾肥、过磷酸钙、富过磷酸钙、重过磷酸钙、钙镁磷肥、硫酸钾镁肥、尿素、硫酸钾、氯化钾、硝酸钾、硫酸镁、农业用硝酸钙、硅钙钾镁肥，均不属于限期使用的产品，在适当的运输、贮存条件下不会变质，无须标注保质期或有效期。

**7.9　执行标准**

**7.9.1**　应标明肥料产品所执行的标准编号。有强制性国家标准的肥料产品，应标明强制性标准编号。

**7.9.2**　已有国家标准或行业标准的肥料产品，如标明国家标准或行业标准中未包括的其他元素或添加物，除应标明国家标准或行业标准外，还应同时标明含有添加物检测方法的有效团体标准或企业标准，团体标准或企业标准中的方法应是国内、国外文献中的该添加物的权威检测方法。

**7.10　使用说明**

**7.10.1**　产品外包装容器上应采用适宜的方法（含二维码、条形码等电子标签）标注使用说明，包括但不限于以下内容：使用方法、适宜作物或不适宜作物、建议使用量、注意事项等。

**7.10.2**　若标注肥料功效以外的其他功效，应能提供有资质的机构出具的充分证据。更详细的信息可在企业网站、产品宣传册等处标明。

**7.11 安全说明或警示说明**

运输、贮存、使用不当，容易造成财产损坏或可能危害人体健康和安全的产品，应以显著方式标注安全说明或警示说明。

**7.12 其他**

**7.12.1** 企业认为必要的符合 GB/T 18455 的包装回收标志，以及符合国家法律、法规要求的其他标识。

**7.12.2** 不应标注原料产地为某国家、某地区或某知名品牌等会引起用户将该产品误解为进口产品或知名品牌产品。引进国外技术或部分使用进口原料的产品，不应标注含有引进方的国外企业名称。

**8 标签**

**8.1 粘贴标签及其他相应标签**

如果容器的尺寸及形状允许，标签的标识区最小应为 120mm×70mm，最小文字高度至少为 3mm，其余应符合第 10 章的规定。

**8.2 系挂标签**

标识区最小应为 120mm×70mm，最小文字高度至少为 3mm，其余应符合第 10 章的规定。

**9 质量证明书或合格证**

外包装袋上的标识内容可作为合格证所需标识内容的一部分。合格证的内容可以用喷码或易于识别的电子标签等形式直接标注于外包装上（即外包装上的合格标记），包括但不限于以下内容：生产日期或批号、质检员代号、检验结论。

**10 标识印刷**

**10.1 装大于或等于 25kg（或 25L）肥料的容器**

**10.1.1 标识区位置及区面积**

一块上下左右均居中的矩形区间，矩形区间的长和宽应分别为包装容器长和宽的 65%~80%，该选用面应为容器的主要面之一，7.1~7.9 的标识内容应在该面积内。区间的各边应与容器的各边相平行。

区内所有标识，除生产日期或批号、合格标记外，均应水平方向按汉字顺序印刷，不得垂直或斜向印刷标识内容。图案应不妨碍对标识文字的快速辨识。

包装袋的侧边仅可横向（以包装袋平放为准）标明产品类型、

等级、配合式或养分含量。

#### 10.1.2　主要项目标识尺寸

根据打印标识区的面积（见10.1.1），应采用三种标识尺寸，以使标识标注内容能清楚地布置排列，这三种尺寸应为 *X/Y/Z* 比例（见表1），它仅能在如表1所示范围内变化，最小字体的高度（指按正常比例印刷的字体）至少应为10mm。

**表1　三种标识尺寸比例**

| 最小字体尺寸/mm | 尺寸比例<br>小（*X*）/中（*Y*）/大（*Z*） | |
|---|---|---|
| | 最小比例 | 最大比例 |
| ≤20 | 1/2/4 | 1/3/9 |
| >20 | 1/1.5/3 | 1/2.5/7 |

#### 10.1.3　标识区主要项目和文字尺寸

标识标注内容应用印刷文字，标识项目的尺寸应符合表2要求。同一项目应使用相同的字号。净含量不应与养分在同一行标注。

**表2　标识区内主要项目和文字尺寸**

| 序号 | 标识标注主要内容 | | 文字 | | |
|---|---|---|---|---|---|
| | | | 小（*X*） | 中（*Y*） | 大（*Z*） |
| 1 | 肥料名称及商标 | | | ● | ● |
| 2 | 规格、等级及类别 | | | ● | ● |
| 3 | 组成 | 作为主要标识内容的养分或总养分 | | ● | ● |
| | | 配合式（单养分标明值） | ● | ● | |
| | | 产品标准规定应单独标明的项目，如氯含量、枸溶性磷等 | ● | ● | |
| | | 作为附加标识内容的元素、养分或其他添加物 | ● | | |
| 4 | 产品标准编号[a] | | ● | ● | |
| 5 | 生产许可证、肥料登记证号（适用时）[a] | | ● | ● | |
| 6 | 净含量 | | | ● | ● |

（续表）

| 序号 | 标识标注主要内容 | 文字 | | |
|---|---|---|---|---|
| | | 小（*X*） | 中（*Y*） | 大（*Z*） |
| 7 | 生产或经销单位名称 | ● | ● | |
| 8 | 生产或经销单位地址 | ● | ● | |
| 9 | 其他 | ● | ● | |
| 注：●表示标识区内主要项目对应的文字尺寸。 | | | | |
| [a] 进口肥料的第4、5项执行相应的法规或规定。进口肥料应标明原产国或地区。 | | | | |

**10.2　装大于或等于5kg、且小于25kg（或大于等于5L、且小于25L）肥料的容器**

最小文字高度至少为5mm，其余应符合10.1的规定。

**10.3　装小于5kg（或5L）肥料的容器**

如容器尺寸及形状允许，标识区最小尺寸应为120mm×70mm，最小文字高度至少为3mm，其余应符合10.1的规定。

# 参考文献


国家市场监督管理总局，国家标准化管理委员会，2020. 有机无机复混肥料 [S]. 北京：中国标准出版社.

国家市场监督管理总局，国家标准化管理委员会，2019. 肥料中有毒有害物质的限量要求 [S]. 北京：中国标准出版社.

国家市场监督管理总局，国家标准化管理委员会，2021. 肥料标识内容和要求 [S]. 北京：中国标准出版社.

国家市场监督管理总局，国家标准化管理委员会，2020. 掺混肥料（BB 肥）[S]. 北京：中国标准出版社.

国家市场监督管理总局，国家标准化管理委员会，2020. 复合肥料 [S]. 北京：中国标准出版社.

李玉峰，2002. 复合肥生产工艺综述 [J]. 攀枝花学院学报(5)：86-88.

梁雄才，2002. 当前复混肥生产发展的有关问题及对策 [J]. 土壤与环境 (2)：106-108.

林仁惠，1999. 当前化肥市场存在的主要问题 [J]. 农村·农业·农民 (7)：38.

彭志红，2015. 我国复合肥生产现状及发展建议 [J]. 磷肥与复肥 (11)：30-31.

全娇娇，2020. 农户化肥使用存在的问题及减量对策 [J]. 农村经济与科技 (14)：13-14.

邵建华，2002. 化肥的生产和使用中存在的问题与建议 [J]. 化工科技市场 (11)：30-33，43.

汪澈，2015. 氨酸造粒法复合肥生产技术 [J]. 安徽化工 (3)：47-48.

王小宝，2009. 化肥生产工艺［M］. 北京：化学工业出版社.
王学江，2017. 复合肥挤压造粒法工艺介绍［J］. 磷肥与复肥（4）：17-19.
张卫峰，2018. 化肥零增长呼吁肥料产业链革新［J］. 蔬菜（5）：7-15.
张永志，2002. 浅谈我国复混肥料（复合肥料）工业［J］. 磷肥与复肥（17）：1-4.
郑秀兴，2018. 复混肥料（复合肥料）质量提升探讨［J］. 磷肥与复肥（9）：7-11.
周霞，2009. 浅谈化肥生产和使用中存在的问题与对策［J］. 中国果菜（3）：37.